美好人生运营指南

一稼 著

哈佛MBA写给你的
人生管理课

中信出版集团 · 北京

图书在版编目（CIP）数据

美好人生运营指南：哈佛MBA写给你的人生管理课/
一稼著 --北京：中信出版社，2018.7（2025. 5 重印）
ISBN 978-7-5086-8892-3

I. ①美… II. ①一… III. ①成功心理－通俗读物
IV. ①B848.4-49

中国版本图书馆CIP数据核字（2018）第088977号

美好人生运营指南——哈佛MBA写给你的人生管理课

著　　者：一稼
出版发行：中信出版集团股份有限公司
（北京市朝阳区东三环北路27号嘉铭中心　邮编　100020）
承 印 者：北京通州皇家印刷厂

开　　本：880mm×1230mm　1/32　　印　　张：9　　字　　数：200千字
版　　次：2018年7月第1版　　印　　次：2025年5月第11次印刷
书　　号：ISBN 978-7-5086-8892-3
定　　价：49.00元

致 莹 莹

目　录

序

让你的生命轮滚动起来

在斯坦福大学商学院极受欢迎的领导力（Leadership Fellows）课上，每个学生都要做一个“生命轮”练习，为生命中最重要的命题满意度打分（注意，是满意度，不是绝对高度）。评分范围为：0~10 分，10 分为最满意，0 分为极不满意。一个领域的分数越高就越靠近外圈，分数越低就越靠近原点。最后把这些分数连接起来，观察生命轮的形状。

很多学生发现自己有比较高的工作和财务满意度，但是情感、健康和使命的满意度较低，因此生命轮的形状就不是圆的，也就无法平稳地滚动。

30 岁之前的我，就有一个滚不起来的生命轮。

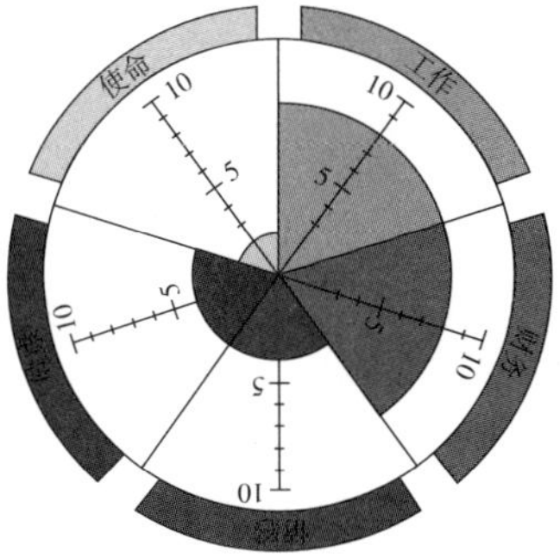

我的故事

我出生在上海的一个普通家庭。在我的记忆中，无论是走亲访友，还是邻里闲聊，大人们最关心的往往是我的成绩和就读的学校。在这样的氛围下，我将大部分精力都用在了读书、工作与升职上面，从上海交大考进哈佛商学院，从银行走进硅谷。

尽管有了高学历和好工作，但是我越来越清楚地意识到自己真实的生活质量并不高。

- 工作：我不知道自己想要什么样的工作，于是只能根据“企业名气＋薪水”来择业。这样的选择表面上不错，其实根本不适合我。渐渐地，我越来越疲惫、无精打采，在最低谷的时候，我甚至被解雇了。我想要一份“真心喜欢”的工作，却不知道这份工作是什么，也不知道该如何寻找。
- 情感：我开窍相当晚，对如何与男性相处一窍不通。所以，单身的时候我最擅长的就是单恋。而在恋爱时，我和恋人整天吵吵闹闹，冲突不断，好好的情感最后不了了之。
- 健康：我不爱运动，即便买了健身卡，也是一年去两次，一次 10 分钟。更糟糕的是，我每天晚上只能断断续续睡三四个小时，于是体重直线上升，痘痘越来越多，精力越来越差，动不动就生病。我每周都花重金看“病”，捏着鼻子吃中药也不管用，健康完全处于失控状态。

- 使命：这是什么？我从来没听说过。
- 财务：我对投资理财一窍不通，辛苦挣来的工资常常不知道都花在哪儿了。30 岁时，我没有任何积蓄。
- 女性魅力：我已经习惯了做女汉子。虽然我表面上大大咧咧、满不在乎，但心里还是很期待被呵护、被疼爱的感觉。只是我真的不知道该怎么做女人，也不知道是否有一天我能体会这种感觉。

我当时很迷茫，也很挣扎，有时候甚至觉得人生是否就是这么憋屈。每当这种时候，我的心里马上会有另一个声音坚定地说："不是！"因为我目睹过另一种生活状态。

本科毕业以后，我进入渣打银行工作，我的部门经理是个风姿绰约的大美人，30 岁就跻身中国区最高管理层。公务繁重的她每天都神采奕奕，嘴角带着极富感染力的笑容。在她手下工作，我们如沐春风，干劲十足。

这位经理不仅事业出众，还有一个非常和睦的家庭。有一次我们部门郊游，大家都带了家人。这位经理的老公举手投足间都透着对她的宠溺，两个人时不时地相视而笑，有一种说不出的默契。他们的女儿当时不过六七岁，长得清秀灵动，非常懂事。虽然爸妈都是金领，但是小姑娘完全没有小性子，全程都开心地跟大家玩，没有任何特殊要求。一家子和和美美，言谈举止间透着无尽的幸福和欢乐。

这位经理对我的影响非常大。我常常发现自己不由自主地观察她，总希望能从她那里得到一些"秘诀"。她的生活状态教会了我"滚动的生命轮”是完全可能实现的。但是在接下来的很多年里，我一直在原地打转，始终没找到突破口。渐渐地，我开始觉得，也许这样的生活只是“别人家”的生活，对我而言，这样的生活是无法企及的。

30 岁那年，我来到旧金山，它是一座充满灵性的城市。这里有硅谷和斯坦福带来的朝气与理想，也有加州特有的悠闲与健康，满大街都是穿着瑜伽服、身材修长的金发美女和活蹦乱跳的帅哥，空气里弥漫着人们对生活的热爱和憧憬。我在这里认识了很多坚持做自己，而且想要闯出一片天地的朋友。这种独特的氛围再一次唤醒了我对更好生活的向往，而这一次，我得到了强有力的支持。

旧金山的个人成长行业非常发达，汇集了各类世界级的人生导师，任何困惑都有专家指点迷津。苦苦挣扎已久的我在这里如鱼得水，马不停蹄地寻找一切可以帮助自己提升综合能力的机会。

在短短 5 年间，我花费 100 万元进修，做了 50 多次求学旅行，拜师于众多美国成长类大师，参加各类进修辅导课程和培训班，研读大量的专业书籍，考取了各种资格证书。我学习和实践过的课题包括内心能量、人类学、投资理财、使命、女性魅力、伴侣相处之道、瑜伽和营养学等。经由导师悉心指点，我得以站在巨人们的肩膀上，并不断地以令自己咂舌的速度进步。短短几年，我彻底颠覆了伴随自己整整 30 年的思维和生活方式，生活也随之有了翻天覆地的变化。

- 工作：我终于明白了自己想要什么样的工作，彻底终止了盲目择业、无精打采的状态，并找到了一份符合我所有期望的工作。现在，我每一天都心情愉悦、神采飞扬。同时，面对未来的职场机遇，我知道自己不会再乱选一气了，因为我很清楚自己想要什么。

- 情感：我不再“争”，不再“忍”，和老公阿顿一起打造了一个互敬互爱、浪漫甜蜜的“10分”婚姻，每一天都沐浴在幸福中。有一次，我们带着20多个朋友一起旅行了10天。旅行结束以后，几个闺密都认为我和阿顿真的很幸福，这也让她们重新燃起了对婚姻的信任和渴望。我知道，我们今天的幸福不是因为运气好，而是因为我们掌握了经营爱情和婚姻的要领。
- 健康：我每周运动三次以上，身材匀称；每天一觉睡到大天亮，每周工作80小时依然精力充沛。最重要的是，我全面提升了免疫力，彻底摆脱了弱不禁风的林妹妹体质。
- 使命：我清楚地知道我的使命是协助更多的朋友滚动他们的生命轮，于是我每周花超过30小时的业余时间学习和写作，为之努力。有使命在心中，我每一天都感觉充实、强大，并且有意义。
- 财务：我终于掌握了理财和投资诀窍，彻底摆脱了“月光女神”的状态，年收益率连续多年稳定在两位数。我的财富正在按照我的精心规划快速增长，我正向着我的人生目标稳步迈进。
- 女性魅力：我终于找到了属于自己的独特女人味，学会以最本真的面貌面对这个世界，每一天都享受作为女人被欣赏、被宠爱和被呵护的感觉。

人生第一次，我终于活出了自己想要的样子，我的生命轮也开始自由顺畅地滚动了。这是一种非常舒心、畅快和满足的体验。我每天都在感叹，原来人生可以如此美好！

让生命轮滚动的关键是什么

在享受千辛万苦才拥有的美好人生的同时，我开始思考，我这次做对了什么？而我以前又做错了什么？究竟什么才是滚动生命轮的关键？经过两年多的观察和思考，我渐渐地看到了一整套清晰的答案。

强大且完整的内心

内心能量是整个生命轮的轴心。很多人生困惑表面上是某一项人生命题出了问题（比如和异性处不好关系、在工作中不善表达、行动力差等），其实归根结底都是因为内心能量不足。缺乏能量的内心就像一个锈迹斑斑、磨损严重的轮轴，要滚动起来非常困难，还会使轮子本身损坏。而当我们拥有能量满满的内心时，就像有了一个强大的轴心，可以从轴心向所有人生命题发力，从根本上甩掉很多问题的同时，快速增加所有命题的满意度，让整个生命轮滚动起来。

与此同时，当我们拥有强大且完整的内心时，我们的学习能力会更强，蜕变也会更快速有效。我们不仅能够很快理解各种思维方式和方法论，而且能学以致用地将这些内容融入生活，提升各大命题的满意度，直至打造一个圆形的生命轮。

可以说，打造强大且完整的内心是让生命轮滚动的关键，也是一条捷径。

明确人生目标

很多人活了一辈子也没有认真想过自己究竟想要什么样的人生，哪些人生命题（比如工作、财务、情感、使命等）对自己最重要，而每个命题的具体目标又是什么（比如你想要什么样的人生伴侣、你适合什么样的工作、你的理财目标是什么等）。

经营这样的人生就像经营一家目标模糊的公司，我们根本无从管理：不知道该给每个命题分派多少资源，不知道该提升什么能力，不知道该寻求什么样的帮助。如果我们不知道自己要什么，就很难做出有针对性的努力，别人也很难帮你，那么无论是运营公司还是人生，我们都会很难有理想的效果，只能全凭运气。

需要注意的是，年轻人大多处于积累阅历的阶段，不知道自己要什么，走些“弯路”、做些“无用功”是十分正常的，甚至是有益的。当有了一些人生阅历以后，我们就可以运用一些方法来总结自己究竟要什么了。

掌握人生的“游戏规则”

在学校里，每次体育老师要教一个新的项目（比如篮球、排球、乒乓球、跳远等），都会先让我们了解这个项目的游戏规则，这样我们就会知道怎么玩才能不犯规，更重要的是，怎么做才能赢。

其实，大多数人生命题都有自己的“游戏规则”，但很多人玩了一辈子却从来没有学习过这些“游戏规则”，雾里看花，懵懵懂懂，不断“犯规”还不自知，自然也就很难把握这些命题。而当我们掌握了这些“游戏规则”，把握这些命题就变得轻松且有迹可循了。

培养经营人生命题的能力

就像了解了篮球规则以后，我们就要学习和掌握打篮球的方法和技巧。同样，在了解了各大人生命题的“游戏规则”以后，我们也要提升把握这些命题的能力。

很多人在意识到自己有不满意的人生命题（比如失败的爱情、死气沉沉的工作、每况愈下的健康等）时，第一反应是“我很失败，我不如别人，我做不到”，然后就是各种逃避，甚至自我麻痹。其实，当我们尚未具备把握这些命题的能力时，无法掌控人生是必然的，就像希望一个从来没学过篮球的人能灵活运球、投球，以及赢球，这可能吗？

在面临困境的时候，正确的姿势是，通过不断学习，掌握把握命题所需要的能力，从量变到质变，在不知不觉中把握原本高不可攀的命题。

平衡地投资

在打造滚动的生命轮的前期，很多人会发现自己有多个不满意的命题需要改进，相应地也就需要大幅提升“投资”（比如时间、精力、学费等）来培养这些命题所需要的经营能力。这时，一些人会感到无所适从，因为要“恶补”的东西太多了。

其实，每个人的资源都有限，不可能一步到位。这时，就需要我们根据实际情况做智慧的排序和取舍，按照命题的重要性或者紧急程度，分阶段逐个攻克，直到具备解决所有命题的能力。这是很多人都会经历的一个“恶补”期。“恶补”期对于资源（时间、精力、学费等）的要求是比较高的，但也是必需的。

当生命轮达到一个欢乐滚动的阶段时，我们会发现，因为我们具备了经营能力，所以不需要投资太多资源就可以实现很多命题的高满意度。这时，我们原本只能“专攻”个别命题的资源很可能足够维系所有的命题。所以，这个阶段，资源分配的重心是合理地分配有限的资源，持续地维系所有命题的高满意度，有智慧地取舍，不偏科。只有这样，生命轮才能持续地欢快滚动。如果资源有富余，我们还可以不断发展一些最核心的命题，让生命轮越滚越大。

用满意度来衡量你的幸福

生命轮衡量的是我们对各大人生命题的满意度，而不是世俗的绝对高度，比如职位高低、财富多少等。所以，并非因为他是CEO（首席执行官），我是小职员，他在事业上就比我更满意。每个人的资源不同、优势不同、目标不同，各个命题在生命中扮演的角色也就不同。学会了解自己，尊重内心的声音，和自己赛跑，用满意度来看待我们的人生，而不是一味地攀比绝对高度，这非常重要。

你的人生你做主，你满意就好！

永远不变的是变化本身

我们一生都处于变化中，在不同的人生阶段，重心也会不同。很多人在年轻时把事业放在第一位，步入中年以后，重心渐渐转向家庭和健康。很多女性婚前把自己和生活经营得非常不错，但是结婚以后，尤其是生了孩子以后，这个平衡就会被彻底打破。换工作，换城市，患疾病，亲人离世，很多变故都会对人生重新洗牌，也就需要调整我们的生命轮。

所以，生命轮不是一成不变的。即使我们已经达到“欢乐滚动”的阶段，任何人生变故都会使生命轮暂时失去平衡：一些新命题会出现在生命轮上，一些老命题会消失，一些命题的满意度会大幅降低等。这都是十分正常的。这个时候，我们只要继续遵循“强大的内心”＋“学会新命题的游戏规则”＋“培养经营能力”的思路，生命轮就会在我们的努力下一次又一次地重新滚动起来。

对很多朋友来说，乍一看，以上的各项条件要求比较高，无从下手。对此我非常理解。事实上，就在几年前，我连一项也不具备。至于如何具备这些条件，就引出了接下来的话题。

我为什么要写本书

在 2014 年，我写了一篇小文章——《30 岁，我遇见了自己》，想和身边的朋友们分享一些成长感悟。没想到，这篇文章一夜之间爆红网络，转载无数，阅读量迅速突破百万。很多读者顺着文章里的蛛丝马迹找到我的公众号，大段大段地给我留言，激动地告诉我，他们对我曾经的迷茫特别有同感，我现在的思考对他们很有启发，也给他们带来了希望，并请我多多分享，他们会和我一起努力。

那几周，我小小的公众号每天都有上千条留言，我开始意识到自己曾经的迷茫不是个例。在这些朋友身上，我看到了年轻时那个想从经理身上偷学人生秘诀的我；那个对现状不满、困惑、挣扎、逃避的我；那个向往更好的生活，却无从下手，像无头苍蝇一样到处乱撞的我；那个觉得美好生活无法企及的我……在我最迷茫的时候，我一直都在想，“如果有个过来人能系统地指点我一下，那该多好啊”。

所以，本书其实就是我年轻时非常渴望，但是始终没有找到的那个“过来人的指引”。这里集结了我多年来打造生命轮的全部心得体会，并整理成一个完整的系统。通过阅读本书，希望你能收获如下：

- 明确自己的人生目标，全局性地规划人生。
- 增加内心能量，打造一个强大的生命轮轴心。
- 获得经营工作、情感、财务、使命、健康五大人生命题的正确方式。

简单来讲，本书将为你全面解答滚动生命轮所需要的所有关键点。我是个行动派，所以分享的内容都是自己和朋友们用过且有用的。这些内容的来源是大量国际前沿的理论和方法论，以及我的经验和体会。希望本书可以帮助所有不愿向生活妥协、勇于主宰人生的朋友早日滚动自己的生命轮，过上真正想要的生活。

祝幸福！

一稼

2017 年 11 月 5 日于旧金山

第一章

目标管理：你对现在的生活满意吗

本章导读

大多数人一辈子都在按别人的期待生活，行尸走肉般地走在独木桥上，在迷失了自己的同时，也在同质性极高的竞争中越发焦虑。要想转动你的生命轮，首先就要知道你理想的生命状态是什么样的。当你看清了你的目标是什么，并且对那个美好状态产生强烈的渴望时，你就已经不自觉地建起了一条通向理想人生的路。

本章要点

- 清晰的人生目标可以帮你：实现自我，摆脱焦虑，轻松吸引资源来实现目标。
- 生命轮的练习可以帮你找到理想的生活状态。
- 当大脑能清晰地看到目前的劣势和清晰美好的远景时，就会下意识地开始寻找解决方案，直至实现目标。

人生不是一座“独木桥”

2017年的夏天，我休了三个月假做环球旅行并写书，也趁着这个机会在很多城市举办了读者见面会。这些读者见面会的形式很简单：没有寒暄，没有宣讲，只有问答。结果，因为大家的问题太多了，每场见面会都严重超时，直到见面会的场地要关门，人们才不得不离开。我在聆听了几百个问题后，发现了一个非常有趣的现象，就是大多数人从来没整体思考过他们想要什么样的人生。

成功学大师托尼·罗宾斯说，这个世界上没有懒人，只有目标不清的人。“目标不清”虽然只是一个现象，但是背后却有三种不同的人群：

- 随意型。这类人天性简单随意，对人生没有特别的喜好和规划，一路顺流直下，随遇而安，倒也开心舒适。这类人对目前的状态并无抱怨，对人生的满意度也比较高，所以这样过下去倒也不错，并不需要刻意改变，但这类人很少。

- 无力突破型。这类人非常想找到人生目标，过上更好的生活，但是苦于缺乏好的方法和指导，一直找不到突破口，只得暂时向生活妥协。一旦有了好的指导和突破的希望，他们会在第一时间一跃而起，向着自己的目标大步迈进。这类人自身寻求突破的愿望和动力非常强，他们最需要好的指引来协助他们找到人生目标。这类人在人群中的比例也不高。
- 自我麻痹型。这类人在一定程度上是社会环境造成的，在人群中也占据较高的比例。和美国的“个人主义”不同，中国社会注重“家庭主义”“集体主义”。在美国人忙着彰显个性，为自己而活时，大多数中国人却会面临来自家庭、家族、公司乃至社会上各方各面的压力，要求你按照大家的期待来生活，比如选专业、选职业、嫁娶、生子、生二胎、买房等。这些外界压力也让很多人情愿自我麻痹，放下自我，按照大家的期待来生活，不愿意和各式各样的“期待”抗争，结果大家都活成了一个样子。这也是为什么大多数国人的“人生目标”极其相似：考好学校，进好企业，升职加薪，买房，结婚，生子，然后帮你的孩子继续考好学校，进好企业，升职加薪，买房，结婚，生子……循环往复，周而复始。

人们妥协，放弃自主权的初衷是为了轻松，但是，这样真的更轻松吗？以前，我们说高考是一座“独木桥”，其实，很多国人的一生都是一座“独木桥”：一模一样的目标＋一模一样的实现手段，难怪很多人如此焦虑。如果几亿人都有同样的目标、同样的实现手段，这竞争之激烈可想而知，不焦虑才怪。所以，“焦虑”几乎成了这个时代的代名词。很多人在巨大的焦虑感中，勤勤恳恳地按照别人安排的统一目标努力了一辈子，却失去了自己真正想要的人生。

要打破这个怪圈，第一步就需要找到我们的人生目标。当我们真正明白了自己要什么，而不是和几亿人“竞争”同一个目标时，焦虑感就会大幅减轻。举个例子，经历过高考的人估计一辈子都不会忘记高考带来的焦虑感，我甚至至今还会做和高考有关的噩梦。记忆中，我高中时的每个同学，不论成绩好坏，都是精神高度紧张，没日没夜地学，一刻也不敢懈怠。唯一的例外是隔壁班的一个女生。整个高中三年，她都处于一种特别潇洒的状态，穿着时髦，梳着黑人的那种辫子，塞着耳机听美国R&B（节奏蓝调），从不参加任何课外补习班，脸上挂着轻松的微笑。对于她这种轻松，我有相当长的一段时间非常不理解。后来，有同学告诉我，她高中毕业以后就会出国留学，不参加高考。我这才恍然大悟，她之所以有这么好的状态，不是因为实力超群，也不是因为心理素质过硬，而是因为她和我们有不一样的目标，不会参加我们的竞争。

人生也是一样。当我们想明白了自己要什么，选择不挤或者少挤“独木桥”，那么焦虑和压力就会瞬间削减大半，甚至荡然无存。所以，对于那些试图用自我麻痹来妥协，却不小心进入更深的焦虑中的人来说，他们最需要的就是找到自己的人生目标，摆脱“独木桥”式的人生。

对于很多人而言，无论是为了实现自我，还是为了摆脱焦虑，找到自己的人生目标是必不可少的第一步。除此之外，找到人生目标还有一个非常重要的作用，就是促使吸引力法则最大限度地发挥作用。

目标清晰，全世界都会帮你

什么是吸引力法则？这个“宇宙中最强有力的法则”其实就是中国人常说的“心想事成”。我们是不是都有过这样的经历：有时候，我们特别想做成一件事，接下来，各种相关资源就会神奇地出现在我们身边，不知不觉地帮助我们实现了最初看起来遥不可及的目标。

全球销量近4000万册的殿堂级畅销书“秘密–吸引力法则”系列的作者朗达·拜恩说：“生命中所发生的一切，都与你的目标有关。”要想让吸引力法则最大限度地发挥功效，我们就需要一个清晰的目标。当目标越明确、越清晰的时候，它的能量就越大，吸引资源也越容易。

想象宇宙是一个大厨房，而我们的目标就是给宇宙下的订餐单。当我们的订餐单非常清晰明确（2两水煮青菜＋4片清蒸带鱼＋2两泰国白米饭）时，厨师一看这个菜单就很清楚我们要什么，完全不需要猜测，然后很快做出符合要求的菜。轻松搞定！

如果我们下的订餐单含糊不清（一些素菜＋一些荤菜＋一些主

食），厨师看了半天也没看明白我们要什么，那么菜单很可能就被扔到一边，或者送来一盘麻辣豆腐＋两只红烧大肘子＋一打窝窝头，于是我们就食不下咽了，开始埋怨厨师。但这能怪厨师吗？

所以，清晰的人生目标不仅是实现自我、摆脱焦虑的第一步，更是吸引有用的资源，最终实现目标的重要一步！目标越清晰，帮我们的能量就越多，也就越容易实现目标。

那么，我们如何才能确立自己的人生目标？

一个小练习，帮你确立人生目标

其实，找到人生目标并不难，因为答案就在我们心中，而大多数人只是缺少一种思维方式来挖出心中的答案。在读者见面会上，当我用一些精心设计的问题来引导那些看似“不知道自己要什么”的读者思考时，大多数人很快就能看到自己的人生目标，完全不费劲。

所以在本书一开始，就让我们通过生命轮的练习，理清我们的人生目标、目前的生活状态以及未来的努力目标。需要注意的是，这个练习是帮助大家从大方向上整体理清你向往的人生状态是什么样的，至于每一个具体命题的目标，我们会在接下来的各个相关章节逐一探讨。

第一步，摆脱随波逐流，什么对你最重要？

人生命题有很多，但是只有最重要的命题才需要放到生命轮上，而命题的选择完全是因人而异的。现在，就请你想一想，在你现阶段的生活中，哪些是对你来说最重要的命题？建议最多不超过8个。以下是一些常见的人生命题，仅供参考，欢迎根据实际情况增加其他命题。

类别	内容
社会关系类	事业，理财，志愿者活动
亲密关系类	父母、其他长辈，伴侣，亲子，密友，兄弟姐妹
自我关系类	使命，自我成长
其他	健康，娱乐，社交，旅游

需要注意的是，生命轮的命题组成是动态的，在不同阶段会有不同的命题。比如我年轻的时候并不在意健康，后来在我一度失去健康之后，我才意识到健康的重要性。从此以后，健康就一直在我的生命轮里牢牢地占据一席之地。所以，你只要凭现阶段的认知选择目前对你来说最重要的命题就可以了。无论你今天写下了什么，当你进入下一个人生阶段时都可能会发生变化。

第二步，现阶段状态的评估

1.给各个命题现阶段的满意度打分（0~10分，10为非常满意，0为极度不满意）。

2.估计你每周在各个命题上花费多长时间，包括为这个命题学习所花费的时间，以小时计。

举例：

命题	满意度	每周所花时间（小时）
财务	7	0
使命	3	0.5
工作	8	55
健康	5	2
情感	6	3
娱乐	9	10

然后，请按以下步骤重新整理表格：

1.将满意度由低到高排序。

2.如果满意度有并列选项，并列的选项按照每周所花时间（小时）由低到高排序。

这样得出的就是你最需要改进的命题的排名。

举例：

命题	满意度	每周所花时间（小时）
使命	3	0.5
健康	5	2
情感	6	3
财务	7	0
工作	8	55
娱乐	9	10

美国捷蓝航空公司的董事局主席乔尔·彼得森说："不要说这对你很重要，用你的行动证明这对你很重要！"很多人可以通过这个练

习，看到自己“言行不一”的地方。比如，在这个例子中，最需要改进的命题是使命、健康和情感，虽然这些命题的满意度最低，但却基本没花时间改进。与此同时，娱乐和工作已经实现了非常高的满意度，每周却要耗费 65 小时。所以，改进其他命题所需要的资源，就可以考虑从这两部分来重新分配。

第三步，观察你的生命轮

为了方便大家更直观地观察自己的生命轮，我为大家制作了一个应用程序。只要到我的微信公众号“一稼”（ID：pioneeryijia）花 5 秒输入你对各大命题的满意度，就能轻松获取你的生命轮，直观地观察生命轮的形状，整体把握你现阶段的状态。

观察一下，你的生命轮饱满吗？是圆的吗？可以欢乐滚动吗？如果不是圆的，没关系，这是大多数人一开始的常态，接下来的章节会帮你逐个把握各大命题，直至“补齐”你的生命轮。

第四步，展望你的理想人生状态

托尼·罗宾斯说，人生是关于可能性。当我们对未来有一个美好而清晰的愿景时，就像给大脑铺了一条路，大脑就会顺着我们描绘的愿景一步一步向前走。现在，就让我们来展望一下美好的愿景！

当我们生命轮上所有的命题都达到 8 分甚至以上的高满意度时，生命轮就是下面这个形状的：一个可以自由滚动的欢乐的圆形。

展望一下，当你拥有这样高满意度的人生时，你的生活会是什么样的？

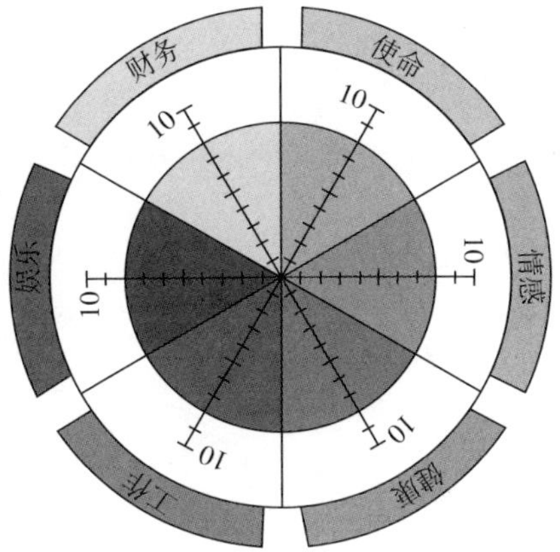

- 你多大了？
- 在哪个城市生活？
- 住着什么样的房子？
- 穿着什么？
- 和谁在一起？
- 做着什么事？
- 你每天的行程是什么？
- 你的心情和状态是什么样的？

描述越具体、越生动越好，最好能够写下来。然后，闭上眼睛，让你的心带领你进入美好的未来吧。

最后，恭喜你成功找到了你现阶段的人生目标！在接下来的章节里，我们会具体讨论如何实现你的人生目标，打造一个欢乐滚动的生命轮。

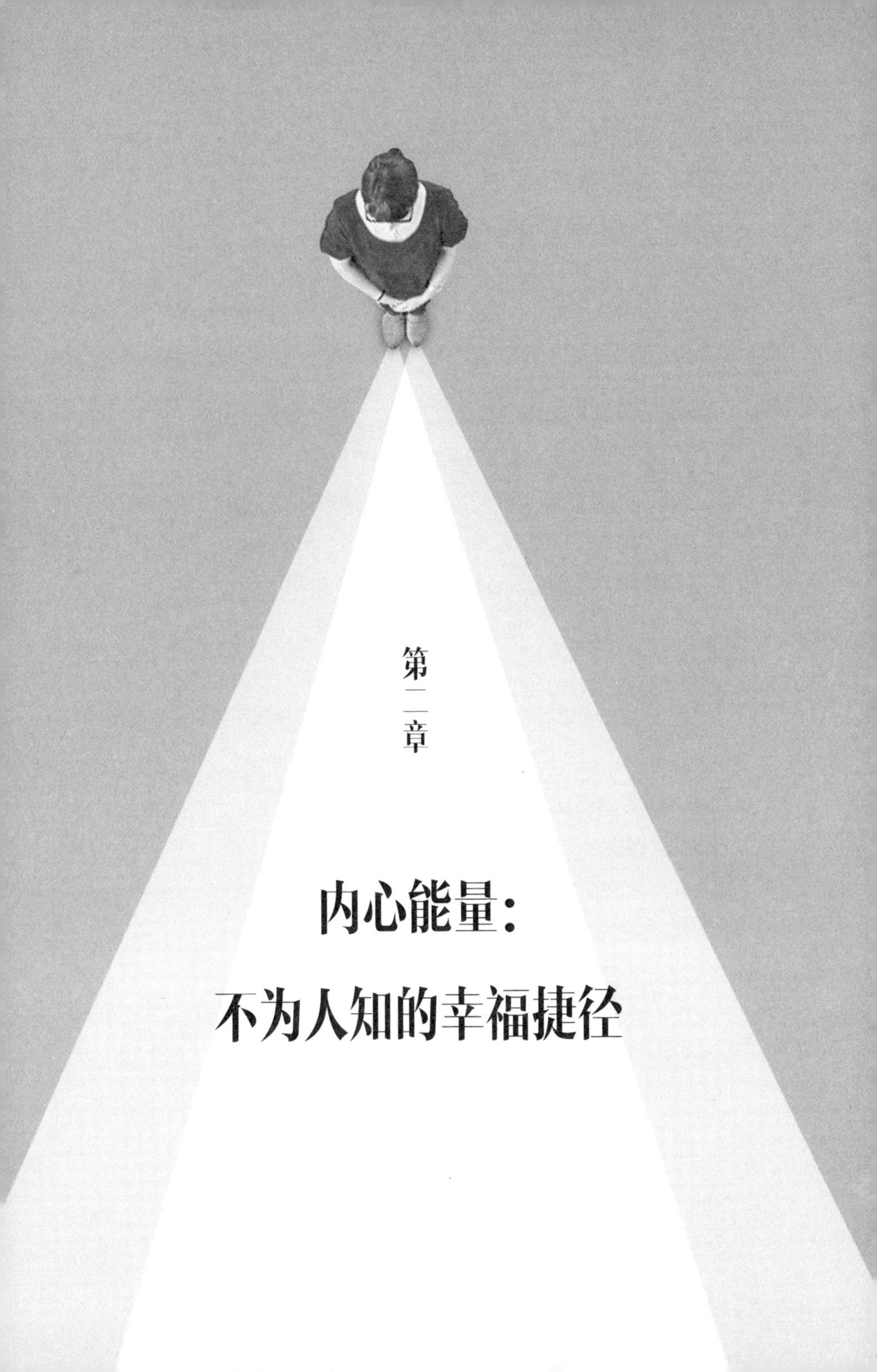

第一章

内心能量：不为人知的幸福捷径

本章导读

做好任何事情都要把基本功做扎实：练跳舞要拉韧带，打篮球要先学会运球，而内心能量就是我们运营人生的基本功。很多人嫌"基本功"苦、难、无趣，所以想偷懒，抄"捷径"去进修更有趣的技巧和方法论等，最后都会发现自己兜兜转转又回到了最初的起点，很难有实质性的突破。修好你的心才是滚动生命轮真正的捷径。

本章要点

- 我们的内心生而强大完整，但是在成长过程中被大量不良认知层层覆盖，直至动弹不得。
- 事实本身是没有好坏对错的，好坏对错只存在于认知中。我们常把"认知"误认作"事实"，被操纵一辈子都不自知。
- 掌握实事求是的原则，分清不良认知和事实的区别，清理不良认知，同时也能减缓产生新的不良认知。
- 清理一些根深蒂固的不良认知需要寻求专业指导。

当你拥有一颗强大的内心

虽然“强大的内心”作为一个单独的命题并不像情感、工作、财务那样频繁地出现在我们的人生目标中，但它是整个生命轮的轴心，决定了生命轮滚动时的动力，以及遇到的阻力。同时，它是决定其他命题满意度的核心因素。

当我们内心强大了，哪怕客观环境并没有发生任何变化，我们也会觉得整个世界更友好了，困扰我们多年的很多问题都会迎刃而解，内心充满力量。然后，生命轮就会在“少阻力”和“强轴心”的双重作用下渐渐滚动起来。

与此同时，我们的学习能力和蜕变速度也会突飞猛进。斯坦福中美禅学院的时照禅师说：“心法没修好，再好的命法（认知、思维方式、方法论、知识等）你也拿不去；心法修好了，你可以向任何人学命法，想学多少学多少。”我们常常听到很多人抱怨说：“道理都懂，却还是过不好这一生。”这是典型的心法没修好的人说的话。心法修好的人不仅学东西特别快，而且马上就能学以致用地将这些内容融入日常生活，快速提升各大命题的满意度，直至打造出一个圆形的生命轮。

所以，强大的内心是让生命轮欢乐滚动的关键和捷径。而要培养（更确切地说是恢复）一个强大的内心，我们首先就要了解内心能量是如何被遏制的。

认知陷阱！内心能量是如何被遏制的

每个人生来就是完整的。当婴儿呱呱坠地的时候，他们想哭就哭、想笑就笑、想拉就拉，绝对不会有“我太胖了”“我不值得被爱”“我不如旁边那个宝宝”“我不喜欢大人这样逗我，但是我不敢哭，怕冒犯大家”之类的想法。所以，在一些文化里，几个月大的婴儿是被尊为“神”的，因为他们的内心完整，没有局限性，是真正的天人合一。

然而，随着年龄的增长，我们经历的事情越来越多，阅历越来越丰富，内心能量却渐渐被遏制了，开始做出各种不接受自己、不信任自己、不尊重自己的举动，越活越无力。这又是为什么呢？

这是因为，在成长过程中，我们的内心被不断产生的不良认知层层叠叠地包裹住了，就好像一个人浑身裹满了被单动弹不得，却想跑马拉松，就会产生一种有心无力的感觉。而这些认知的产生是不受我们控制的，是“全自动”的，是大脑“消化”我们身边发生的所有事情的必经步骤。

当一件事发生的时候，大脑很少会实事求是地记住发生了什么，而是会自动加上一层认知（包括良性认知和不良认知），而这些认知会被当成常识或真理储藏在我们的意识和潜意识里，成为“背景音乐”，然后在不知不觉中主宰我们的一切决定和行动。

这个过程的具体步骤如下：

- 一个事件发生；
- 大脑自动为事件添加认知；
- 认知主宰了我们的决定和行动。

为了帮助大家更清楚地了解这个过程，让我们来看看我的亲身经历。

小学五年级的时候，我从上海郊县转学到了市中心。开学第一天，我走进新班级，看到了 50 个穿着时髦、自信满满、朝气蓬勃的“城里孩子”。我们上的第一节课碰巧是英语课，我的同学们从四年级的时候就开始学英语，而我是第一次看到英文字母，根本摸不着头脑。那天，我生平第一次觉得自己又土又笨。从此以后，我的潜意识里就有了一个不良认知：“我不如别人”。在这之后，我几乎忘记了那天发生的事情，也根本没有察觉我的大脑里多了这层不良认知。

这之后很多年，我发现自己有了一个怎么改也改不掉的坏毛病：缺乏耐心。很多微不足道的小事都会让我不受控制地觉得很不耐烦。我的这个缺点被很多人（包括我身边最亲的人）批评过，我也尝试过很多方法纠正，比如告诉自己这样做非常没有礼貌，是不对的，是伤人的，别人这么做有他们的道理，我曾经也什么都不懂。当感到不耐烦时，我会尝试从 1 数到 10，再开口说话来控制情绪。结果，一点儿用也没有。最后，我只得放弃，告诉自己和身边所有的人："这就是我，我无力改变，请大家接受我。"

后来，在做了大量的内心功课以后，我终于挖掘出小学五年级时的那段毫不起眼儿的经历，以及由此产生的不良认知，这才意识到正是因为"我不如别人"的认知，才导致了我会不自觉地通过"缺乏耐心"来贬低别人，抬高自己，维护自己的不安全感。这才是问题的症结！这个不良认知是这样一步步控制我的：

- 一个事件发生：新同学都学过英语，而我没学过；
- 大脑自动为事件添加认知：我不如别人；
- 认知主宰了我们的决定和行动：我通过"缺乏耐心"来贬低别人，抬高自己，试图证明"我比你聪明"，避免被看不起。

就这样，小学五年级时一个不起眼儿的经历，形成一个制约了我整整 20 年的不良认知。最关键的是，我完全没有意识到这层不良认知的形成和存在，甚至一直觉得自己是非常自信、有安全感的人，而它就一直躲在黑暗中狡猾地操纵我所有的行为和感受。

当然，这样的情况并不仅仅发生在我身上，这其实是所有人的大脑里每时每刻都在发生的情况。在我们的成长过程中，各种事情不断发生，比如，父母的言传身教，成长经历、文化、宗教、社会观念等，而我们的大脑也在不断地自动形成各种认知。这些认知被我们奉为常识和真理，成为我们大脑中的“背景音乐”，我们不会去怀疑和思考这些认知的真伪，有时甚至根本没有意识到它们的存在，就被它们控制了一生。

这些认知有良性的，也有不良的。良性认知比如“我是自己的主人”“我值得被尊重”“我值得被爱”“我可以的”“努力就有收获”等，会帮助我们活得更强大、更有力。不良认知比如“没人会爱我”“我做什么都做不好”“人都是自私的”“不要相信任何人”则会像被单一样把我们内心的能量层层裹住，直到我们完全动弹不得，做什么都不得力。

那么，如何才能卸下这层层叠叠的不良认知，释放我们原本拥有的内心能量呢？

改变不良认知，恢复内心能量

要想改变不良认知，恢复强大的内心，关键就是要不断地“自我蜕变”。自我蜕变就像昆虫破茧成蝶一样，会帮助我们将裹在身上的不良认知一层一层剥落下来，将内心还原到一个强大而完整的状态，然后振翅高飞。

自我蜕变由以下两部分组成。

清理不良认知

从记忆的源头来分，我们可以把不良认知分成两类：第一，记得源头事件的不良认知；第二，不记得源头事件的不良认知。

什么是源头事件？我们已经了解大脑产生认知是这样一个过程：

- 一个事件发生；
- 大脑自动为事件添加认知；
- 认知主宰了我们的决定和行动。

这个过程的源头就是一个事件，也就是源头事件。源头事件可大可小，比如眼神、表扬、批评、分手、生病、破产等。源头事件可以是一次性的，比如转学、被骗、离异等，也可以是持续性的，比如父母的口头禅、导师的信仰、媒体传递的价值观等。

这些源头事件，有些比较重大或者发生在我们有清晰记忆以后，所以我们还记得，比如我小学五年级时转学的经历，又或者成绩落后、求爱失败、当众被辱等。这些就是记得的源头事件。

但是，有大量的源头事件是我们根本不记得的。有些经历发生在我们有记忆之前，比如婴儿时期遭遇的虐待、幼年时家里发生的暴力冲突等。有些经历则是因为过于司空见惯，所以像空气一样被我们视而不见，比如父母长期有意无意地灌输着“你做得还不够好”；从小到大身边所有人都在关心你“考进哪个学校”“在哪里工作”“结婚没”“生娃没”；你身边所有的家人和朋友都觉得“我们这种出身的人不可能过上好日子”等。这些都是不记得的源头事件。

之所以把不良认知分为记得源头事件的和不记得源头事件的，是因为清理的方法会有所不同。

清理记得源头事件的不良认知

要清理记得源头事件的不良认知，就需要运用实事求是的原则，还原这个事件的本来面貌，并把人为添加的不良认知和客观事件本身区分开。这个过程分为以下四个步骤。

第一步，选定一个困扰你已久的心灵困惑。

首先，请选择一个心灵困惑来解决。比如，我总是对自己不满意、我缺乏耐心、我老爱和别人比、我不敢捍卫自己的权益、我觉得自己不值得被爱等。

注意，请选取心灵困惑，而不是“我不会理财”“我阅读速度很慢”“我英文很差”之类的技能型问题。

第二步，回忆这个困惑出现的最早时间点。

这一步是帮我们辨别源头事件。有时候，源头事件可以追溯到三四岁的时候。别惊讶，真的有人记得这么早发生的事情。静下心来想一想，你最早感受到这种困惑是什么时候。

有些源头事件比较重大，发生得也比较晚，相对会好辨认一些。比如，对于我来说，转学事件是我感觉自己不如别人继而变得缺乏耐心的开始。又比如，我的朋友玛丽一直以来都很胆怯，不敢展示自己，而造成这一状况的源头事件是她在 20 岁时被性侵了。

另一些源头事件则因为发生时间过早，或者事件本身过于小等原因比较难辨别，要花一些时间，静下心来想一想，追溯一下你的记忆。如果实在想不起来也没关系，我们有大量的认知的确是属于不记得源头事件的。遇到这种情况，你可以回到第一步，重新选择一个心灵困惑，或者直接跳过接下来的步骤进入清理不记得源头事件的认知。

需要注意的是，有些源头事件我们虽然还记得，但并不是一次性的，而是长期反复地发生过多次。比如，爱丽斯很能干也很成功，但是她经常处于一种既相信自己，又对自己不满意的矛盾中，总觉得她还有很多事没有做到最好，所以一直很不开心。后来，她意识到这种对于完美的偏执来源于小学一年级时，第一次考试她考了 100 分，父亲非常高兴地带她去吃她最爱的海鲜面，而且大力地表扬和鼓励她。第二次考试，她考了 98 分，她还想吃海鲜面，结果父亲却暴跳如雷地训斥她。从此以后，她再也不想吃海鲜面了。对爱丽斯而言，“98 分事件”并不是一个孤立的事件。在她的成长过程中，父亲对完美的偏执反反复复地影响着她，也导致她非常惧怕不完美。

对于这类不良认知，我们既有记得的源头事件，比如“98 分事件”，又有更多日常生活中司空见惯，甚至根本不记得的源头事件反复巩固这些不良认知。所以，处理这类不良认知，我们就需要同时运用清理记得源头事件的不良认知和清理不记得源头事件的不良认知两种方法。

第三步，源头事件发生后，产生的不良认知是什么。

回忆一下，源头事件发生了以后，你告诉了自己什么，产生了什么不良认知。比如，转学事件以后，我告诉自己，“我不如别人，所以我需要证明自己，不然我可能会被看不起”。比如，在遭遇性侵以后，玛丽告诉自己“我很脏”“展示自己是很可怕的”。比如，在“98 分事件”以及无数类似事件之后，爱丽斯告诉自己“不完美是可怕的，完美是唯一可以接受的结果”。

第四步，区别不良认知和客观事件本身。

莎士比亚说："这个世上的事物本无好与坏，好与坏只在我们的思想中存在。"这个思想指的就是认知。

在源头事件发生以后的岁月里，我们把随着源头事件自动添加的认知当成客观事件本身，视作毋庸置疑的常识和真理，作为"背景音乐"储存在大脑里。客观事件本身其实没有任何对与错、好与坏、善与恶、高与低。也就是说，事件本身没有任何意义，也就不包含任何情感能量。

让我们一起感受一下这些客观事件：

- 我没学过英语，我的同学学过。
- 我被性侵了。
- 我考了 98 分，我没吃到海鲜面，爸爸大声说"你下次要考 100 分"。
- 我和他分手了，他喜欢上了别人。
- 我爸爸打了我。
- 父母离婚了。

大家可以体会到这些只是客观事实，没有任何"意义"，也没有任何情感能量吗？但是随着这些源头事件自动产生的认知却包含着丰富的意义和情感，让我们再来一起感受一下这些认知：

- 我没学过英语，我的同学学过。→我不如别人。
- 我被性侵了。→这都是我的错，我失去了贞洁，展示自己是很可怕的。

- 我考了 98 分，我没吃到海鲜面，爸爸大声说“你下次要考 100 分”。→不完美是可怕的，完美是唯一可以接受的结果。
- 我和他分手了，他喜欢上了别人。→我不够好、不值得被爱，男人（女人）都不值得信任。
- 我爸爸打了我。→爸爸不爱我。
- 父母离婚了。→父母不爱我，这是我的错。

大家可以感受到一件本来毫无意义的事件被赋予了认知以后带来的情感冲击、约束感以及局限性吗？所以，它们才会对我们的人生造成这么大影响。

要清理不良认知，我们就需要学会把事件本身和不良认知区别开。请在纸上画两个圆圈，在第一个圆圈里写上客观事件本身，在第二个圆圈里写上你添加的不良认知。

我的例子：

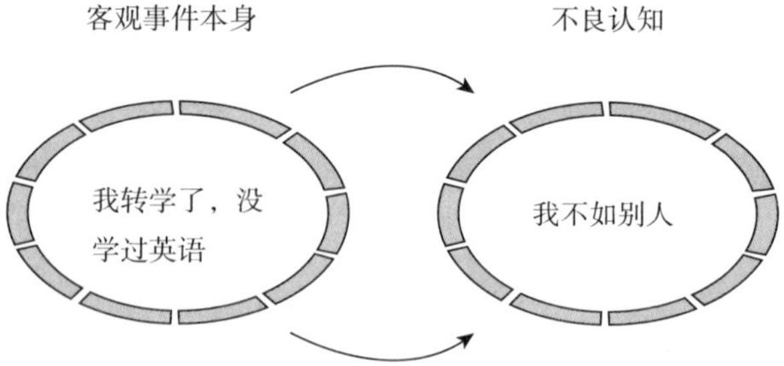

玛丽的例子：

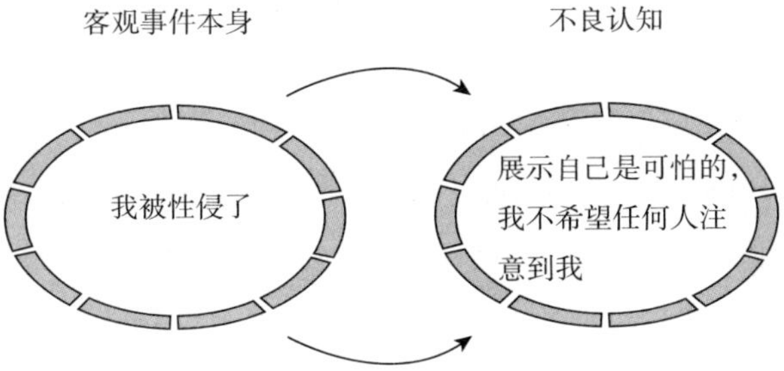

爱丽斯的例子：

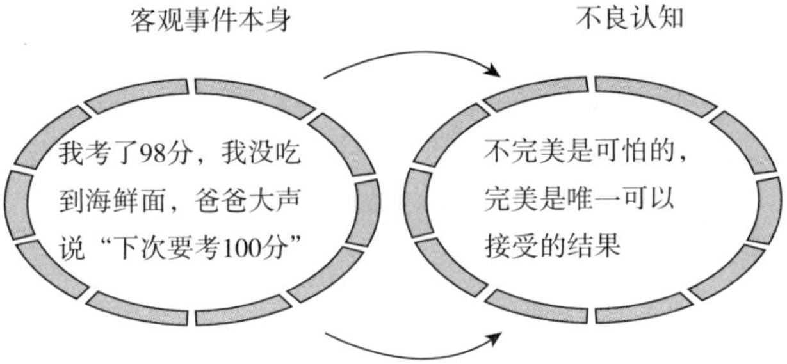

当我们成功地把源头事件和不良认知分开后，不良认知就被彻底曝光了，再也无法躲在黑暗里控制一切了，我们就会清楚地看到这些不良认知并不是事件本身。也就是说，它不是“真”的，这时，它就失去了能量，就无法对我们产生太大影响。

当意识到“我不如别人”只是自己添加的认知时，我突然明白了，我根本没有不如别人！从那一刻起，不良认知也就失去了对我的掌控。既然我已经认识到"我没有不如别人"，那我就再也不需要通过"缺乏耐心"来证明自己比别人聪明了。于是渐渐地，我发现自己越来越少地出现"不耐烦"的状态。有一次，我和一位读者做了个一对一咨询，在畅谈了近两小时以后，她真诚地感谢我耐心地听她讲了近一个小时，没有打断，而且全盘吸收了她零零散散提供的信息。那一刻，我意识到，我真的变了，困扰了我整整 20 年的问题已经不复存在了。

我初次遇见玛丽的时候，她从上到下都是黑色衣服，裹得严严实实，在室内还围着围巾，除了脸和手，看不到任何皮肤。在讲自己故事的时候，她泣不成声，浑身颤抖。但当她成功地把事件本身"我被性侵了"与不良认知"我失去了贞洁，展示自己是很可怕的"分开的那一刻，她的表情瞬间发生了巨大的变化，不再哭，不再发抖，脸上还挂满泪痕的她笑了，笑得特别如释重负。一年以后，她换了一张脸谱网封面照，那张照片上的她穿着黑色吊带衫，露出优美的锁骨和颈部，头发盘起，戴着大圆耳环，烟熏妆，闭着眼睛陶醉地在舞台上唱歌。看到这张照片的时候，我笑了。

所以，清理记得源头事件的不良认知的关键就是分清什么是客观事件本身，什么又是我们自动添加的不良认知。当我们可以清晰有力地把这两项分开的时候，就会清楚地看到这些不良认知都不是真的，而它们也就会丧失控制我们的力量。

至于爱丽斯，第一次见面，她就对我说，她知道自己的客观条件非常不错，但是她一直很不开心，老公总是做不到她的期待值，而对于自己的工作能力，她既有信心又不满意，非常矛盾。当她意识到这一切的根本原因是她有“不完美是可怕的”的不良认知时，我看到她的眼睛一亮，她终于找到这么多问题的症结了，这是一个非常大的突破。

但是，她对于完美的偏执并不仅仅是一次“98 分事件”造成的。由于父亲的原因，在她的成长过程中有很多类似的事件反反复复地把这个认知死死地刻进了她的大脑，仅靠她告诉自己“这不是真的”可谓杯水车薪。要彻底清除这类长期持续存在的源头事件造成的不良认知，我们还要结合下面的方法。

清理不记得源头事件的不良认知

对于这类不良认知，因为我们记不清究竟发生了什么（或者像爱丽斯那样只记得部分最重大的源头事件），也就无法实事求是地区别客观事件本身与不良认知。所以，要清理这类认知，就需要寻求专业的指导。

我在这里分享自己的一个黑历史。我刚认识老公阿顿的时候嫉妒心很重，特别没有安全感。阿顿是个性格外向的人，有很多朋友，每次他要和朋友聚会，我都多少有点儿不高兴。如果他要和女性朋友一起吃饭，我更会极度不爽，浑身别扭。而每次只要他一出差，我的不安感就会随着每一天的分别与日俱增，他每天跟我进行视频通话也于事无补。最终，都以我完全控制不住，找借口和他大吵一顿收场。到后来，他每次一出远门就开始担心我会不会又没事找事地和他吵架。

阿顿也尝试过很多方法来让我宽心，比如每次聚会能带上我就尽量带上我，如果是我没见过的女性朋友，他总要带我先见见，好让我安心。但是当我们的内心被不安全感充斥的时候，外界的周到是很难让我们获得真正的平静的。

有一次，阿顿去欧洲出差，一共不过 7 天。我强忍了 6 天，到了第七天我又控制不住地和他因为一点小事大吵一架，一直吵到欧洲时间的凌晨时分。阿顿第二天还有一个很重要的会议，却因为我一夜没睡好。看着阿顿疲惫的眼神，平静下来的我突然觉得自己太无地自容了。我彻底受不了这个小心眼儿、缺乏安全感的自己了。我决定要改变。但是，我也不知道这种不安全感是什么原因造成的，也不知道该如何修复。直到接受一系列的心理咨询后，我才彻底解决了这个问题。

当时，我已经在心理咨询师杰茜卡那里做了大半年咨询，也已经清理了很多大大小小的不良认知，感到浑身就像被松绑了一样轻松许多。但是这份不安全感始终挥之不去。在“欧洲事件”发生以后，我再次向杰茜卡求救，希望她帮助我彻底摆脱不安全感。然后，杰茜卡给我做了一系列咨询，印象最深、效果最明显的是一次潜意识层面的治疗，对话如下。

杰茜卡：你和阿顿在哪儿？

我：我们在海边的沙滩上（我当时清醒地意识到我是在心理咨询室，但我的确能“感受到”我们在沙滩上）。

杰茜卡：阿顿在哪儿？你在哪儿？

我：阿顿在海滩上和一群人玩。我一个人在海滩边的一个山洞里坐着。

杰茜卡：你有什么感受？

我：非常孤独，很不安，我希望他回山洞陪我玩。

杰茜卡：那阿顿呢？

我：他在海滩上玩得很开心。有时候他也会回来看我，但是更多的时候他希望我加入。

杰茜卡：那你愿不愿意走出山洞看看？

我做了很多次尝试，在杰茜卡的引导下，终于站了起来，下定决心走出山洞。当我迈出山洞的那一刻，我顿时感觉一股明亮而欢乐的能量扑面而来，我的心彻底打开了，我感受到了阳光，听着海水拍打海滩的声音，还有人们欢乐嬉笑的声音。

杰茜卡：你现在在干什么？

我微笑着回答：我在海滩上开心地奔跑，大笑。有时候，我会加入阿顿和他的朋友一起玩。有时候，阿顿会过来和我的朋友一起玩。还有时候，只有我和阿顿两个人。也有时候，我会一个人在沙滩上静静地独处。但是，我觉得都很好，很开心！

那一刻，我体会到原来是自己一直把心禁锢在一个孤独的山洞里，不仅如此，我还希望阿顿放弃他精彩的世界，回山洞来陪我，只有这样我才安心，才觉得他是爱我的，是属于我一个人的。而当他不在我身边的时候，我所有的注意力都被他牵引，焦虑、不安、疑神疑鬼。但我完全不需要这样活！我完全可以走出这个山洞，给自己营造一个更大的世界的同时，也给阿顿足够的自由和尊重。在这次心理咨询中，我感受到了这两个选择带来的完全不同的能量。那个自由、阳光、开放的能量就这样在我的心中烙上了痕迹。

从此以后，我走出了我的山洞，再也没有为阿顿社交的事浪费过半分精力。事实上，我根本不再过问！很快，阿顿注意到了我的变化，但是，他还不确定我是暂时放开，还是真的放开了。于是每次有聚会或者长途旅行，他还是会认认真真地安抚我的情绪。以前，他每次跟我说这些事的时候，我就会心一揪，内心极其不情愿但又要装体谅地说："你去吧！"然后，再找碴儿跟他大吵一架。现在我会觉得："天，这么点儿事何必跟我说呢？你该干吗干吗去吧！"

几个月后，阿顿又要出差10天。他走后，我挺想他的，但更多的是自得其乐地做自己平时想做却没时间做的事，譬如看书、写作、上自我蜕变课程、找朋友吃饭、做SPA（水疗）、看一些我喜欢但是他不喜欢的电影、去一些我喜欢但是他不喜欢的餐厅等，过得特别充实和开心。阿顿回来以后跟我说，他出差时特别担心哪一天我又旧病复发跟他闹，没想到完全没事，回来就看到一个活蹦乱跳、神采飞扬的我，他这才确信我真的变了！

是的，我真的变了。很多年过去了，我再也没有“旧病复发”过。有些事情，一旦放下了就永远放下了，破茧后就成蝶了，自我蜕变就是这样。

所以，清理不记得源头事件的不良认知最有效的方式是心理咨询或者类似的专业心灵指导。好的专业导师可以给我们的心灵洗个澡，清理层层叠叠的不良认知后再轻松上路。而这时候，我们的内心就会在不受约束的状态下发挥它与生俱来的能量，我们做任何事情也会前所未有地轻松、清晰和自信，势如破竹。

定期的心灵维护

把积累了十几年甚至几十年的不良认知清理干净以后，就会还原一个强大而完整的内心，这时我们会觉得特别轻松，干什么都特别有劲。但这并不是一劳永逸的，如何才能在接下来的岁月里，继续保持这种轻松而强大的状态呢？分两步。

第一步，实事求是地看问题，减少新的不良认知的产生和影响。

让我们重温一下认知产生的过程：

- 一个事件发生；
- 大脑自动为事件添加认知；
- 认知主宰了我们的决定和行动。

这个过程对于绝大多数人来说是一个完全自动的过程，但是，对于那些学会了实事求是看问题的人来说，他们会习惯于客观地看待事情本身，尽可能地避免添加不良认知（当然，很难完全避免）。同时，对于已经添加的不良认知，他们可以清楚地看出不良认知和客观事件的区别，并不会将两者混为一谈。而这时，不良认知就不会对我们造成太大影响了，因为我们知道它不是真的。

学会实事求是地看待事情，就能最大限度地减缓不良认知的产生，并最大限度地降低它们对我们的伤害。

第二步，定期做专家咨询，及时清理新的“认知被单”。

我们是人，不是神！不可能永远做到百分之百的实事求是，也就不可能彻底阻止不良认知的产生和影响。所以，我们可以定期做些专家咨询来及时清理新产生的“认知被单”，就像定期敷面膜一样，为心灵做保养。

在美国，很多人都有自己的心理咨询师，就像大家都有自己的理发师、美容师一样。美剧《欲望都市》里有一集里提到“在纽约，每个人都有自己的心理医生，连心理医生都有自己的心理医生”。身边有一个好的心理咨询师，就会安心很多，因为我们知道，无论发生什么事，都有一个坚强的后盾会帮助我们清理“垃圾”，恢复能量。

当清理完制约了我们多年的不良认知后，运用实事求是的原则来减少新的不良认知的产生和影响，并且通过专家咨询做定期的心灵保养，我们的内心就会长期维持在完整而无局限的状态。这样的我们无论是做人还是做事，都是轻松和强大的，也为我们的生命轮加足了动力。

附录 如何以正确的姿势找到适合你的心理咨询师

找到好的心理咨询师其实有点像谈恋爱，对方的素养和水平当然非常重要，但归根到底还是在于你们之间有没有信任和默契。我换过 4 任心理咨询师才找到现在的杰茜卡。所以大家不要因为第一次，甚至前几次没找到合适的咨询师就放弃，就像你会在遇到几个渣男以后说“天下男人一般黑，我这辈子终身不嫁了”吗？如果会，我希望到这里，你已经可以意识到这是一个不良认知，并非事实本身。

找好的心理咨询师，常见的办法是朋友介绍。有人体验过还愿意推荐，至少说明这个咨询师基本素质不错。现在很多咨询师有自己的公众号，如果你喜欢他们的文字和解决问题的思路，就可以找他们咨询试试。

如果没人介绍，也没有喜欢的心理类公众号怎么办？我教大家一个小技巧：可以用网上交友的技巧来找心理咨询师。

很多心理咨询中心都会公开旗下所有心理咨询师的照片和简介（就像婚恋网站）。这些简介一般是按资历（也就是价位）归类的，从几百元／小时到几千元／小时都有。

首先，大家可以在心里设一个可以承受的最高价格，不要超过自己的承受能力。心理咨询达到理想效果是要一点时间的，尤其是一开始，频率会高一些，如果你觉得太贵，去的次数少或者不去，就适得其反了。在自己能够承受的价位里找一位适合你的咨询师就行。

确定心理价位以后，你可以到这些咨询中心的网站上，寻找在这个价位区间的心理咨询师。然后开始像网上交友那样挑选照片：哪个人看着舒服，你觉得愿意和他聊天，再看他们的简介，看你喜不喜欢他们的文字表达等。

然后，你就可以和这些咨询师约见了。第一次约见，一般咨询师会要求 1.5~2 小时来全面了解你。有的咨询师在第一次见面前还会让你填写一份问卷来深入地了解你，这些都是非常必要的，请认真、坦诚地对待。

见面以后，如果特别有缘分或者咨询师特别厉害，你第一次就会很有收获，那就恭喜你了，这么快找到了合适的咨询师。还有一种可能就是特别没缘分，完全没收获也没有信任感，那就直接换人吧。

绝大多数咨询师，你见了一次以后，可能都是属于那种“说不上好坏”的类型。默契需要一点时间来培养，建议大家在这种情况下可以再约见几次，一般就可以看出这个咨询师有没有能力帮你解决问题了。

第二章

爱情经营：美好的爱情不是天上掉下的馅饼

本章导读

我们都知道要经营好一家公司，老板需要有得力的合伙人，自身也要具备经营能力，否则公司很难获得长久成功。其实经营爱情也一样。大多数人向往美好的爱情，却不懂得以正确的方法来浇灌爱情之花，结果，往往把好好的爱情给经营垮了，非常可惜。

在本章中，我们分析如何“脱单”和经营爱情，并给出了一个“爱情经营系统”。掌握它，就是掌握了通向长久幸福的钥匙。

本章要点

- 不要用找临时工的态度来找合伙人。要想轻松获得长久的幸福，就要从高质量“脱单”做起。
- 一对伴侣要走得好、走得远，关键取决于两个人之间的五大吸引力。知道什么样的人更容易（或不容易）和你产生五大吸引力，才能借力身边的资源来高质量“脱单”。
- 女性打造吸引力的关键：以平常心对待爱情和约会，然后在颜值、女人味和内涵中做足一项就够了，当然越多越好。
- 当你“脱单”困难时，请考虑拓宽“渠道”。
- 婚前准备能帮你为未来的挑战做足准备，也可以再次删除不适合的伴侣。
- 当我们学会接受对方，知己知彼，放下执念，寻找共赢点后，绝大多数分歧都会不费一兵一卒就能轻松化解，爱情水位也会不降反升。
- 当我们学会以对方想要的方式爱对方，并培养起两个人之间的亲昵感时，爱情水位就会在爱意满满的日常沟通中不断创新高！

从爱情白痴到模范夫妻

从小，我就对爱情充满期待，憧憬早日找到我的人生伴侣，过上互敬互爱、欢乐满屋的幸福生活。可惜造化弄人，30 岁以前，我的感情模式基本是这个目标的对立面。虽然我很努力地约会，也有过一些心仪的人，但兜兜转转始终还是单身。不知道为什么，“脱单”这件对很多人来说很自然的事，我却怎么也不得要领。有一次，我在马路上看到一则房产广告，一对璧人依偎在阳台上共赏城市夜景。当时，我的心头就掠过一丝孤独感，心想:“即使我拥有这套房子，也没有那个心意相通的人一起欣赏美景。”

后来，我总算恋爱了！一开始，两个人形影不离，充分享受着爱情的甜蜜。但是很快，我发现我们对很多重要问题的看法南辕北辙，处理方式也大相径庭，于是两个人常常磕磕绊绊，争执不断，我也经常处于一种郁闷、焦躁、疑神疑鬼的状态。在经历了多年的痛苦磨合后，我总算承认了我们有原则性分歧这个事实，也结束了这段感情。

在经历了长期“脱单无门”以及“择偶失利”以后，我不仅没有丧失对爱情的信心，反而气定神闲、胸有成竹，因为我隐隐地感觉到：火候已到，我已经掌握了高质量“脱单”的秘诀！于是，我将这些在长期历练中得来的宝贵经验整理成一个“脱单”系统，为自己下一次的高质量“脱单”做准备。果然，我的预感是正确的。在运用这个系统仅仅 30 天以后，我就遇见了我的老公阿顿。经过一段时间的相处，我惊喜地发现我们在大多数原则性问题上有很高的匹配度。我终于找对人了！但是，正当我暗暗地松了一口气的时候，新的问题又出现了。

我和阿顿虽然没有原则性的冲突，但是常常会为了鸡毛蒜皮的小事发生争执，公说公有理，婆说婆有理。每次一有分歧，我就会拿出工作中“铁娘子”的架势，摆事实，讲道理，气势如虹地试图说服阿顿，却没有一次成功。对于我的沟通方式，阿顿曾经非常严肃地抗议过很多次，说他不喜欢我“大吵大嚷”，但是我始终置若罔闻，坚持“是他先不对的”“我不过是天生大嗓门”。渐渐地，我们吵架的频率越来越高，和解速度越来越慢，心结也越积越多。我整天闷闷不乐，觉得这段感情带来的痛苦已经大于美好。

俗话说，有苦才有甜，我的爱情在历经磨难后终于迎来了转机。一个偶然的机会，我看到美国一位情感专家的课程广告。她曾是个爱情“小白”：不尊重自己，不懂男人，不会沟通，年近四十还在不断被甩。后来她通过不断学习和成长成功逆袭，拥有了一个爱她、疼她的老公和一个幸福美满的家庭。她的课程就是从择偶、心理、能量、沟通等角度帮助女性把握理想的爱情。

当看到这则广告的时候，我的第一反应是："原来经营爱情也有这么多学问！为什么从来没有人教我这些，让我走了这么多年的弯路？"我当场就购买了这个课程，并迫不及待地开始学习。短短两周，我就听完了全部近 100 小时的课程内容，感觉茅塞顿开。这个课程教给我很多全新的思维方式和技巧，也让我看到了我以前和男性相处的方式实在太幼稚、太低效了。一条全新的路在我面前铺开了！

从此以后，我开启了爱情技巧恶补模式，买了总计上千小时的情感课程，听各位情感专家从不同角度讲解如何经营爱情：女性专家从女性角度出发，男性专家从男性角度出发，还有夫妻档专家现身说法，分享他们的爱情秘诀等。整整大半年，我每天一下班，包括周末都迫不及待地坐在电脑前观看视频课程，做笔记，然后认真地完成老师们布置的功课。

渐渐地，我注意到我的思维模式和为人处世发生了巨大的转变。在不断的学习中，我已经不知不觉地摆脱了很多固有的处事方式，并将老师们讲解的各种技巧融入日常生活，完成了一次自我蜕变，而我的感情生活也随着我的转变被彻底扭转了。

现在，我和阿顿已经很多年没有吵架了，我们是彼此心灵的港湾、生活的伴侣、工作的拍档，每一天都非常欢乐、温馨和甜蜜。只有我们自己知道，我们有今天的幸福不是因为运气好，而是用正确的方法不断用心经营的结果。

托尔斯泰说："幸福的家庭都是相似的。"和很多其他命题一样，爱情也有自己的游戏规则。只要你摸清了它的规则，掌握了正确的经营方式，就可以收获高质量的爱情。接下来，我就把这些历经多年考验的爱情秘诀分享给大家。从优雅"脱单"到轻松经营爱情，我会给出一个完整的系统。这套系统曾帮助我把握我从小就无比向往的高质量爱情，也希望它能帮助更多的朋友早日把握属于你们的爱情！

高质量"脱单"秘诀

很多人认为"脱单"仅仅是谈恋爱，所以只关注"如何搭讪""去哪儿遇见另一半""如何高效地在网上交友"之类的快速"脱单"技巧。这类技巧固然有用，但是，它们远不是一个高质量"脱单"系统的全部。如果你的目标不仅是谈一场恋爱，还希望将它发展为一个长久、稳定、成熟的爱情，那么，就请不要用招临时工的态度来寻找合伙人，因为一旦找错了人，接下来要纠正就很费劲了。

要盖百层高楼就要打牢地基，而要长期幸福就要从高质量"脱单"做起，这是很必要的基础工作，可以让你在未来经营爱情的时候事半功倍，所以请千万不要轻视"脱单"的重要性。

接下来，就让我们一起把握"脱单"的核心，为美好的未来打下坚实的基础。

什么样的伴侣最适合你

我们已经知道“生命中所发生的一切，都与你的目标相关”，所以，要做到高质量“脱单”，第一步就要明确，什么样的伴侣最适合你。很多人在想“脱单”的时候就匆匆忙忙出去约会，懵懵懂懂坠入爱河，却从没想过自己究竟需要什么样的伴侣，直到深陷爱河甚至结婚以后才发现两个人不合适，这个时候要斩断情丝就很难了。而只有当我们有了清楚的择偶目标以后，才能在择偶时做智慧的取舍，避免“捡到篮子里都是菜”的局面。

那么，如何才能知道什么样的伴侣适合我们呢？常见的择偶指南无外乎“三观一致”“门当户对”“有共同的人生追求”“有共同的兴趣爱好”等。这些指导都没错，但是在实际应用中难度比较高，因为它们非常抽象和笼统。我们在择偶中需要的不是抽象的概念，而是尽可能清晰明确的目标，也就是你的理想伴侣所需要具备的核心品质和能力。要想理清这些，就让我们首先了解一下终极的幸福状态是什么样的。

终极的幸福状态

很多心理学家一直都在试图破解伴侣幸福的公式，米拉·柯中鲍姆就是其中一位。在为数千对幸福/不幸福的伴侣做了深度咨询后，米拉在畅销书《他是你的白马王子吗？》（*Is He Mr. Right?*）中突破性地提出，一对伴侣要走得好、走得远，关键取决于两个人在五大方面的吸引力。

- 舒适：你们在一起的时候的状态是松弛、平静、舒适的吗？你们觉得彼此心有灵犀吗？你们无话不谈吗？你可以彻底地做自己而不用担心对方会看不惯你，甚至不爱你吗？

- 安全：你感到安心吗？你总是在和对方争夺感情中的主宰权吗？你会担心对方对你使用肢体暴力或者冷暴力吗？你觉得可以和对方探讨任何问题吗？你会为对方的财务状态过度担心吗？如果有人冒犯你，你相信对方会挺身而出支持你、保护你吗？
- 欢乐：你们在一起的时候开心吗？你会感到无趣甚至厌烦吗？
- 亲昵感：你们有那种情人间心有灵犀、亲密无间的感觉吗？你享受和对方的性爱吗？
- 尊重：你会有看不起他的感觉吗？你信任他的决定吗？你愿意听取他的想法和建议吗？

伴侣之间这五大吸引力并不一定需要达到“完美”水平，只要每一项都具有较高的满意度就很不错了，关键是“缺一不可”，这和生命轮缺一项就滚不起来的原理很接近。如果某项吸引力的满意度很低，那么无论你们之间的其他吸引力有多强，时间一久，爱情必将出现问题。试想：

- 如果你们无话不说，无比信任，彼此尊重，但是性爱不和谐，毫无快感和亲昵感，处于长期无性的状态，这样的爱情幸福吗？
- 如果对方性格阳光、有趣、对你无比深情，但是没有固定收入，你们的生活经常入不敷出，这样的感情能够持久吗？

- 如果你们衣食无忧，有很高的社会地位，但是在一起的时候无话可说，气氛严肃且无亲昵感，这样的生活快乐吗？
- 如果对方收入丰厚、地位显赫，但是在谈话间总透露出嫌弃你以及觉得你幼稚的态度，这样的相处平等吗？

所以，当两个人在一起时拥有舒适、安全、开心、亲昵和尊重的感觉，你们才会走得好、走得远。而能让你感受到五大吸引力的人就是适合你的伴侣，也是适合长久发展的伴侣。

那么，关键的问题来了，什么样的伴侣会产生这五大吸引力，而什么样的伴侣又会扼杀这些吸引力呢？

什么样的伴侣会产生五大吸引力

每个人对五大吸引力的要求不同，产生吸引力的“点”也不同，所以，择偶没有标准答案，也没有人可以告诉我们适合什么样的伴侣。最好的办法就是在以前的恋爱和约会经验里寻找，因为答案全在那里。

回顾一下你以往的恋爱和约会经验，想一下，曾经的这些伴侣有哪些突出的品质和能力让你强烈地感受到这五大吸引力？或者，他们有哪些突出品质让你强烈地感受到这五大吸引力的缺失？举几个例子。

舒适

- 特别爱干净的你有过一个邋遢的伴侣，在乱七八糟的环境里，你非常焦躁和难受，如坐针毡，于是你了解自己需要一个整洁的伴侣。

- 你曾有过一个有完美主义情结的伴侣，让你整天特别紧张，生怕出错被对方挑毛病，于是你了解自己需要性格随和的伴侣。
- 喜欢“交心”的你有过一个很封闭的伴侣，不愿意与你分享和交流，你完全琢磨不透对方的想法，觉得非常孤独。于是你了解自己需要一个“心灵开放”的伴侣。
- 性格比较敏感的你有过一个性格比较随性的伴侣，让你觉得很放松，没有压力，于是你了解自己和随性的人还是挺适合的。

安全

- 你有过一个爱乱花钱、没有稳定收入的伴侣，让你对未来非常不安，于是你了解自己需要一个金钱观成熟稳健的伴侣。
- 你有过一个脾气暴躁、爱乱发脾气的伴侣，让你整天如履薄冰，于是你了解自己需要一个性格随和的伴侣。
- 你有过一个很支持自己的伴侣。每当有人攻击你的时候，对方总会无条件地站在你这边，支持你，保护你，这让你感到非常安心和感动，于是你了解自己向往一个支持自己、信任自己的伴侣。

欢乐

- 你有过一个非常没有生活情趣的伴侣，这让你觉得非常无聊甚至厌烦，于是你了解自己需要一个有趣的伴侣。
- 你有过一个爱冒险，不断寻求刺激和挑战的伴侣，你整天追在后面觉得非常累，于是你了解自己需要一个性格踏实稳重的伴侣。

- 你有过一个文艺型的伴侣，两个人花前月下，吟诗作画，每一天都非常美好和浪漫，于是你了解自己喜欢有艺术细胞的伴侣。

亲昵感

- 你有过一个性冷淡的伴侣，让你非常痛苦且欲求不满，于是你了解自己需要一个享受性爱的伴侣。
- 你有过一个伴侣，从来不愿意和你有任何亲昵的动作，比如拥抱、亲吻、调笑、赞美、示爱等，这让你觉得非常生疏和别扭，于是你了解自己需要一个愿意表达爱意的伴侣。
- 你有过一个特别萌的伴侣，经常逗得你前仰后合，让你每天都觉得非常温馨和开心，于是你了解自己喜欢伴侣有可爱的一面。

尊重

- 你有过一个爱说大话和空话的伴侣，让你非常看不惯，于是你了解自己喜欢务实、实事求是的伴侣。
- 你有过一个特别爱买名牌商品的伴侣，你觉得对方很拜金和浮夸，心生厌烦，于是你了解自己欣赏物欲比较弱的伴侣。
- 你有过一个博览群书、思维敏捷的伴侣，你很喜欢听取对方的建议，也很信任对方的见解，于是你了解自己喜欢有智慧的伴侣。

从这些例子里，我们可以很清楚地看到，每个人对五大吸引力都有不同的要求和感受，有些品质和能力对一些人很重要，但是对另一些人则完全不重要。所以，只有你自己的亲身经历可以告诉你，伴侣的哪些品质和能力对你最重要。我就曾经按照这五大吸引力对自己曾经的约会对象和感情经历进行了详细的分析与总结，做了一个表格，很快我就注意到以下几个品质和能力反复出现在表格上，直接影响我对五大吸引力的满意度。对我来说，它们是不可或缺的择偶条件：

- 正直
- 诚实
- 务实
- 顾家
- 聪明
- 有爱心
- 有责任心
- 有上进心
- 成熟稳健的金钱观

有意思的是，绝大多数品质都是我从“反面”经历中总结出来的。其实，我以前也很理想主义，对伴侣没有任何具体要求，觉得只要对方“爱我”就行！但是渐渐地，在无数次的失望和心痛之后，我明白了仅有爱是不够的，我的伴侣必须具备一定的品质和能力才能让我感受到这五大吸引力。所以，每一项宝贵的伴侣品质都是我从眼泪中提炼出来的。很多东西，只有经历过没有它的生活，才知道它的珍贵。因此，我非常鼓励年轻人多谈恋爱，不用在乎刚开始遇到的人是不是对的。有时候，反面经历比正面经历更能帮助我们看清什么对我们来说是重要的，而这到你要“定下来”的时候就会很有帮助。

用择偶条件做筛选，用五大吸引力做决定

到这里，我们已经成功地把“三观”“门当户对”“共同的兴趣爱好”等抽象的概念根据你的情况提炼成了一个个具体的择偶标准。接下来，我们就可以用这些具体的、容易辨别的择偶标准在约会的过程中不断选择合适的人选，删除明显不合适的人选，保证你最后选择的伴侣和你不会有原则性的分歧。在硅谷，有个产品研发原则叫“快速试错”，就是说犯错误也要快。一个产品不要等研发了好几年，投入大量资源以后才推向市场。这时，如果发现有重大问题就损失惨重了。相反，有想法了就尽快做个简单的雏形，推到目标客户中做一些核心测试，尽快否决明显有问题的主意，只留下最有前景的，然后专心做好。“快速试错”原则在恋爱前期也非常适用。当我们有了一个清晰的择偶标准，我们就可以尽量多地去和不同的潜在对象接触，一旦发现原则性分歧就在投入过多感情之前悬崖勒马，只留下最合拍的对象重点发展。

当然，择偶条件只是恋爱初期的一个理性原则，它最大的价值之一是帮我们删除明显不合适的人选（清晰的择偶标准还有其他重要的价值，我们之后会提到）。但是，在步入稳定的恋爱阶段以后，择偶标准的功能就会逐渐淡化，最终是否和这个人走下去，还是取决于你们之间是否具备五大吸引力。如果在某一吸引力上有明显的缺失，那么对方很可能缺乏一些对你来说很重要的品质和能力。如果五大吸引

力俱在，那么恭喜你找到了一个很合适的伴侣。

值得注意的是，既然是吸引力，那就是双方共同作用的结果。而你缺的越多，要的就越多，择偶难度就越大；你有的越多，需要的往往就越少，择偶难度反而会低很多（当然，也存在另一种可能性，就是“我很好，但我还想找更好的”）。举几个例子：

- 如果你很没有安全感，那么你的伴侣再真诚、再有责任心，就算条件不如你，也很难给你安全感。相反，如果你很有安全感，那么即使你的伴侣是众星捧月的焦点，非常受异性欢迎，你也依然会气定神闲。
- 如果你很穷，靠自己过不上想要的生活，那么你的伴侣要很富有才能给你物质上的安全感和舒适度。相反，如果你富可敌国，那么你很可能对于伴侣的财务情况要求不多甚至毫无要求，反而更容易追求纯粹的爱情。
- 如果你天性沉闷压抑、负能量满满，那么你的伴侣再阳光也很难和你营造一个欢乐的关系。相反，如果你风趣幽默、天性乐观，那么你就可以带动你的伴侣一起营造一个舒心欢乐的关系。

所以，这也是为什么我再三强调“内心能量”的原因。内心越强大完整，生命轮的阻力就越小，动力就越大，把握各大命题就越容易。当我们和伴侣无法共同营建五大吸引力的时候，我们要客观分析，这是伴侣自身素质的问题，还是我们内心的缺失过大。如果某项吸引力在不同伴侣间都有缺失，比如，你和每个伴侣在一起的时候都没有安全感，或者都不快乐，那么，要么是你的择偶标准有问题，找的人都不靠谱，要么真正需要修正的其实是你的内心。

最后，请大家花一点时间，用五大吸引力的框架对过往的约会和恋爱经历做一个分析，总结出伴侣的哪些品质和能力会直接影响你对五大吸引力的满意度，整理出属于你的择偶标准，并写下来。写下来这一点非常重要。随便想想的目标没什么能量，而写下来的目标则具备非常高的清晰度和能量级别。所以，请清楚地写下你的择偶标准。

提升自身吸引力

在有了清晰的择偶标准以后，接下来我们就需要提升自身的吸引力。我们的择偶标准越高，自身的条件就要越好。原因很简单，如果我们想要吸引一块大铁块，那么就需要把自己打造成一块大吸铁石。

经常有朋友问，我的择偶标准太高了怎么办？我的回答永远是，要求高不是问题，关键是你够好吗？我有个好闺密，她的择偶标准简直就是“恨天高”：

- 自己聪明绝顶，希望对方更聪明；
- 自己事业有成，希望对方更成功；
- 自己是个大美人，希望对方是个大帅哥；
- 自己是个吃货，希望对方也爱吃；
- 对方还必须是“某地人”，因为闺密平时爱讲家乡话。

我们每个人听到这些择偶标准就笑着说“这样的人还没生出来呢”“等我儿子长大给你做老公吧”。每次听到这样起哄，闺密都只是笑笑，然后继续默默坚持自己的择偶标准，并且把自己经营得越来越好。结果，她还真漂洋过海地给自己找到了一个满足全部条件的男人，人家自己条件好，也已经等她这么好的女人很久了。这样的结果，我们不服不行。

如果你把高目标转化为把自己变得更好的动力，那就是做生活的主人，勇于创造自己的未来。如果你的目标高，条件不够，还不肯用功打造自己，那就是眼高手低。所以，目标高永远不是问题，只要你能够让自己的吸引力够大、条件够好，哪怕全世界只有一个符合你择偶标准的人，对方也会是你的。

那么，如何提升自身的吸引力?

摆正爱情的位置

就像考试成功最关键的因素之一是临考状态一样，如果我们能摆正爱情在生命中的位置，就已经成功一大半了。我的建议是：请将爱情看作生命的轻奢品。为什么是轻奢品，而不是必需品或者奢侈品呢?

如果把爱情看作必需品，我们就很容易产生“离开了爱情，我就无法幸福生活”的心态。在这种心态下，我们会容易焦虑，觉得自己的人生不完整、不幸福，然后就会出现盲目地开始一段爱情的倾向。

如果把爱情看作奢侈品，我们就会觉得这是一个可望而不可即的目标，不会属于自己，从而失去努力争取爱情的动力，呈现出一种被动和封闭的状态。

而绝大多数人都承担得起轻奢品，但是只有在找到特别喜欢和合适的商品时，我们才会真的购买。当爱情被看作轻奢品时，我们同样也会抱着这样的心态去寻找自己的爱情，明白爱情属于“有最好，没有也没关系”。在这样的状态下，我们对于爱情反而会摆脱不当的焦虑、紧张或者自闭，呈现出一种开放、温暖、舒适和好奇的状态。这样的状态对于男性具有极大的吸引力，因为他们可以感受到我们对于爱情的向往和期待，这表示他是受欢迎的，也有机会为我们的人生做出巨大的贡献。同时，我们的生活状态是美好和完整的，并不需要爱情来“填”什么空缺，于是男性也会非常想要加入这样的人生状态，让自己的生活变得更美好。而且，他知道除非自己足够好，否则我们不会选择他，这就会激发男性爱捕猎的天性，做最好的自己来赢得我们的爱。

以平常心对待约会

约会对于女性而言其实可以是一件非常轻松和容易的事，因为根本不需要太多技巧，和朋友聊天没什么太大的区别。我们可以想象自己是森林里自由自在、快乐幸福的精灵女王，平时就开开心心地过好自己的日子，同时以开心、好奇、真诚和开放的心态面对生命中出现的每一个人。在约会时，只要我们打扮得漂漂亮亮的并准时出现，微笑着，也非常感兴趣地听他说话，说到好玩的就笑，说到精彩的就大方夸赞，有感兴趣的话题就多问几句，对方问我们问题就诚恳地回答，约会结束后礼貌地谢谢对方的款待，这就行了。自自然然，简简单单，开开心心，就当是去认识一个新朋友，其他的，就留给男性来主导吧。

这些是女性约会的基本礼仪，对很多姐妹来说，掌握这些就已经足够轻松“脱单”了。当然，还有一些更主动、更高阶，但是也更难驾驭的约会技巧，比如很多女性都感兴趣的“撩汉技巧”。“撩汉技巧”本身是一个很强大的技巧，但是看谁用。如果你心态好，技巧又娴熟，那么恭喜你，“脱单”对你来说绝对是小菜一碟。但是如果你像我，不擅长“撩汉”，总也把握不好那个度，那么不如不用，把主动权交还到男性手中，以免弄巧成拙。

打个比方，一辆车只能有一个司机。好的“撩汉技巧”是坐在副驾驶座逗着驾驶座上的男性开得精彩纷呈，勇猛异常。而不好的“撩汉技巧”则是整天占着驾驶座想着如何引导约会的走向，那男性就什么都不做，等着听我们安排就是了，这就意味着男性彻底丧失了主动权，不能体会到追逐带给他们的刺激感和成就感。想象一下，一个男人兴致勃勃地去森林里打猎，结果，一头猎物跑到他面前搔首弄姿自投罗网，更有甚者还把自己宰了、煮熟了端上来直接请他吃，这样的打猎还有什么乐趣？男性就是享受挖空心思追逐和收获的快感，请不要剥夺他们的乐趣。

用平常心对待约会，其实约会可以是很轻松，也很好玩的。

高颜值让所有人对你刮目相看

所有麻雀变凤凰类的电影里，改造一个人命运的第一步永远是改变他的造型，这真的是最简单，也是见效最快的方法。外形的改变不仅可以让别人对我们刮目相看，也会直接改变我们对自己的感受。在遇见阿顿之前，我有半年没出去约会，在家闭关修炼自己：健身、设计发型、更新衣橱、做美容等。当我享受够了单身生活，觉得可以出去约会时，就毫无负担、光彩照人地开始约会。当时我的心理状态是自信和轻松的，然后不到一个月，我和阿顿就坠入了爱河。把自己打扮得美美的可以让约会变得非常轻松和愉快，因为男伴会被我们深深吸引，殷勤地主导一切，而我们只要真诚地享受并感谢他的盛情款待就好了。

没有丑女人，只有懒女人，真的是这样。只要我们愿意花一点工夫，不说闭月羞花，大方得体、赏心悦目绝对是不难的。变美的关键不是花很多时间和金钱，而是找到最适合自己的造型。以下是一些不费力的懒人颜值提升法，这些小技巧曾经帮我轻松打造外形，也希望它们对你有所帮助。

发型

第一次见到曼迪时，她穿着一袭墨绿色的长裙，包裹着曲线玲珑的好身段，光洁的皮肤上点了几分淡妆，衬托出她精致的五官，一头瀑布般的黑发散落在脖颈，非常妩媚，我瞬间就被震撼到了：好一个美人！后来，几年不见，曼迪来旧金山玩，约我喝咖啡。我还在想当年的美人现在不知道出落得多么国色天香了，结果，当曼迪出现的时候，我愣住了。虽然她的美人底子还在，也精心打扮过，但是我的全部注意力都被她新剪的一个齐刘海发型吸引了，整个人一下子从仙女被打回了凡间，淹没在人群中。

发型是所有人第一眼看到的地方，好发型可以大幅提升我们的形象，坏发型则能彻底掩盖我们的优势，所以请用心思考适合你的发型。

很多人觉得发型师是专业人士，设计发型应该是他们的事，所以每当发型师询问“想做什么样的发型”时，就用“随便”来打发。这样做就好比，你把新房钥匙交给一个家居设计师，说：“随便你怎么装修。”你觉得这样装修出来的房子符合你心意的可能性大吗？多数情况下，好发型是你和发型师良好沟通和共同创作的结果，缺一不可。发型师虽然是专业人士，但是在对你的性格、偏好、职业一无所知的情况下，他们很难设计出你特别喜欢的发型。相反，他们最有可能给你设计一款中规中矩的发型，免得被你投诉。

所以，在去剪发前，尤其是见新发型师或者想换发型之前，大家可以事先做些功课，比如找些喜欢的发型图片，和发型师沟通你喜欢的风格、不喜欢的风格、重要的生活场景等。在发型师对你有了充分的了解之后，他们往往会有更多的设计灵感。这时，我们就要给他们充分的空间来创造，而不是执着于自己预想的效果，毕竟适合模特的发型并不一定适合你。这些图片最大的意义在于和发型师高效沟通我们的偏好和风格，而不是执着于要做“一模一样”的发型。

服装

有的女孩，有好几个满满的衣橱，却还在不断买衣服，这些衣服式样重复，功能雷同，所以每次遇到“新场合”（比如约会、派对、开会）就要临时再买几套。有的女孩，买来的衣服个性模糊，怎么穿也穿不出自己的风格。还有的女孩买衣服只看款式、颜色，不看品质，看着很时髦，其实很掉价。

《纽约时报》的畅销书作家珍妮弗·斯科特在巴黎生活了一段时间以后观察到，巴黎女郎崇尚“少就是多”。她们并不在乎时尚风向标，衣橱也很小，每季只有10件左右的单品，但是她们特别清楚什么适合自己，所以衣橱里件件是精品，搭配起来绝不重复，特别有自己的风格。如果你也和我一样既爱美又不愿意花太多时间（也不愿意花太多钱），那么巴黎女郎这种围绕自己的风格打造一个高品质小衣橱的方法很可能非常适合你。

找到自己的风格最简单高效的方法就是咨询专业造型师，让他们教会你什么最适合你，什么不适合你，避免进入雷区。我多年前曾在上海请一个形象设计师给我做过一份详细的设计方案，包括什么是适合（以及不适合）我的颜色、风格、面料、款式等。我学会这套方案之后一直用到了今天，它让我的效率高了很多，买一件是一件，很少会出现闲置的状况。

找准风格定位以后，我们可以自己，也可以在造型师的协助下，为各个季节、各个场合添置几件高质量的衣服。再加几件精彩的配饰，比如围巾、首饰、眼镜等，一个小小的衣橱就足以让你像巴黎女郎一样轻松优雅地应对各种场合。

彩妆

克丽丝是个五官精致、唇红齿白的小美人。每次一到“大场合”，她为了表明重视都会花几小时认真化妆打扮，可惜用力过猛，她清秀的五官和她选择的浓妆并不相称，显得不伦不类，倒不如淡妆更合适。和服装一样，彩妆最重要的也是适合，适合以后才能出彩。

网上的化妆教程有很多，大家多试试自然会找到适合自己的颜色和妆容。我唯一想提出的是，有些化妆技巧难度很高，化得不好反而弄巧成拙。如果你和我一样是个“手残星人”，那么找到一个适合的妆容，重点掌握几项基本化妆技巧，然后只要更换眼影和口红的颜色及浓淡，就可以美美地应对各种场合了。告诉大家一个小秘密，我结婚时的妆就是我自己花 15 分钟化的。

仪态

读本科时，我们学院有个出了名的美人林姐。其实，林姐的五官细看只能算清秀，打扮也很文气，但是我每次见到她都有一种眼前一亮的感觉，说不出来为什么，就是觉得她特别出挑。有一次，我和室友远远地看见一个美人，室友就说：“一稼，你看，那是林姐吗？”我扫了一眼就坚定地说：“不是。”室友看了又看说：“怎么不是？”我想了想，说：“林姐走路从不驼背，这姑娘有点含胸。”等走近了一看，果然只是一个身形相似的美人，但是一含胸就少了那种气场和气质。

一个人可以穿着简朴、不施粉黛、身材瘦小，但是只要有好的仪态，气质和气场就会全开。大多数人平时最常做的姿势是“前倾缩小”，玩手机、看电脑、吃饭、看书等，久而久之，我们的身体就记住了这些姿势，也就成了我们在自然状态下呈现的仪态。要扭转这个

“身体记忆”，就需要让身体“记住”另一种状态，挺胸收腹、腰杆笔直，并随时随地自然地呈现这个状态。要做到这一点，唯一的方法就是反复练习，让身体“记住”这个新的仪态。

这也是为什么很多经常健身、跳舞的人，仪态都很不错。我以前也含胸驼背，在练习瑜伽以后得到了很大的改善。有一次，我还被处女座的老妈难得表扬“最近背很挺啊”。

改变一个习惯最好的办法就是用另一个习惯取代它。

香水

有一次在公交车上，一位长相和穿着很普通的男士上车了，我一开始并没太在意。当他挨着我坐下时，我闻到他身上隐隐的香水味，很男人，很内敛，也有点性感，这让我联想到一个有想法、懂生活的魅力男人形象。于是我情不自禁地转头偷偷打量这个人，突然就觉得他的长相特别顺眼也很有男人气概，衣服的品质很好，是个低调、有品位的性感男人。

一款适合的香水可以让你的魅力值爆棚，但前提还是那一点：适合你。不要迷信名牌。用了不合适的香水就像说了不合时宜的话一样反而很掉价，不如不用。找到适合的香水不容易，要在皮肤上慢慢试，不要急。我当年足足买了 100 多种香水小样在家里慢慢试了几个月才找到那个属于我的味道。

喷香的浓度也要注意，应该是只有紧靠着你的时候才能淡淡地闻到，也就是只比体香浓一点儿的程度。如果你会进入一个封闭狭小的空间（会议室、跳操房、小餐馆等），那请尽量不要使用香水，以免打扰他人。有一次，我在一家餐馆用餐，整顿饭都被邻座一位穿着考究的女士身上浓烈的香水味“熏”得无法集中注意力。这其实就和在安静的小餐馆大声说话，强迫所有人听你讲话一样无礼。

至于香水涂在哪儿，玛丽莲·梦露说，在你希望被亲吻的地方点上一点儿就行了。

女人味让你所向披靡

客观来讲，艾米的外形并不出众，五官有点粗糙，中等偏胖身材，打扮也很随意。但是从小到大，艾米都特别受男性欢迎，各路才俊纷纷拜倒在她的石榴裙下。艾米 32 岁出嫁时，老公是个比她小 5 岁的高富帅，身边一众闺密再一次惊叹。而艾米最大的优势就是举手投足间浓浓的女人味。

如果说高颜值是立竿见影的外用药，那么女人味就是可以治病根的内服药，影响更大，药效更长，效果也更好。可以说，女人味是女性幸福（和成功）的秘密武器，姐妹们一定要善于利用这个与生俱来的优势。

现在，我们就具体讲讲如何培养女人味。

第一步，你想成为什么样的女人？

实现任何目标的第一步都是明确目标，培养女人味也如是。每个人向往的女人味都有所不同，有的女孩子向往清纯可爱，有的女孩子推崇优雅，有的女孩子喜欢自由性感，这都没关系，只要你清楚自己想成为什么样的女人就行了。请仔细想一想：对你来说一个充满女人味的女人具备哪些品质？同时，想一想谁具备了这些品质？品质是一个比较抽象的概念，所以有具体榜样的话清晰度和能量会更大。

举个例子，我心中充满女人味的女人具备以下这些品质。

- 智慧、温和而豁达。我的王牌心理咨询师杰茜卡是这类女性的典范。每次她打开咨询室的门笑吟吟地迎接我进去的时候，我就觉得特别安心。有她在，我知道所有的困扰都会消失。
- 自信、独立而能量场巨大。脸谱网首席运营官谢丽尔·桑德伯格可谓这类女性的典范，举手投足都透着强大的气场，用她的能量影响整个世界，是一个真正有底气、有实力、女王般存在的女人。
- 高雅、贵气十足。奥斯卡影后凯特·布兰切特往人群中一站就超凡脱俗，让人移不开眼睛，有种可远观而不可亵玩的力量。
- 极富吸引力并且非常性感。安吉丽娜·朱莉浑身都充满吸引力、感染力、自由、野性。无论是男人还是女人，在见到她以后都会止不住地欣赏她的美。她还有一种吸引力，让人觉得生命原来可以如此美妙。

这些是我心中一个充满女人味的女人所具备的品质，也是我向往成为的女人，分享出来希望可以帮助大家打开思路。接下来，大家可以花几分钟思考一下，把你心目中一个充满女人味的女人所需具备的品质以及每一项品质对应的榜样写下来。

第二步，分析你已经具备的品质和欠缺的品质。

在明确你想成为什么样的女人之后，接下来就要分析在这些女性品质中，你已经具备了哪些品质，最欠缺的也最需要加强的又是哪些品质。

还是以我为例，经过长期的学习和蜕变，我已经在自己身上隐隐约约地看到很多向往的品质了，而我需要做的是让这些品质进一步成长和壮大起来，成为一种更清晰、更稳定的品质。我最缺的则是那种性感的吸引力，这恰恰是我向往的所有女性品质中最女性化的一个，也解释了为什么我一直都觉得自己的性别魅力不明显。所以，这就是我需要着重培养和挖掘的特质。

现在，就请大家分析一下在你向往的所有女性品质中，你已经具备了哪些，哪些你看到隐隐发芽了，而哪些品质你完全找不到。

第三步，进一步培养和挖掘你向往的女性品质。

为了培养女性魅力，我试过很多方法，其中最有效的是“女性能量舞蹈”。

当我告诉我的人生教练黛维·瓦尔德我想找到属于自己的女人味时，黛维笑了，对我说：“其实，我们想要培养的那些女性品质都已经藏在每个人的心中了，只不过有的藏得浅一点，而有的则藏得深一点。我们需要做的只是找到一个高效的方法把这些已经存在于我们内心的品质挖掘并释放出来，让它们生根发芽，自然而然地成为我们平时言行举止的一部分。而挖掘女人味最有效的方法就是练习‘女性能量舞蹈’。”

所谓“女性能量舞蹈”，就是通过音乐和肢体运动挖掘深藏在我们内心的女性能量，并和它建立永久联系。我第一次练习以后就感觉到了明显的改变，两周以后整个人都温柔下来了，不是东施效颦装温柔那种，是真的温柔下来了，内心藏着的那种强大的女人味终于被拆封并且开始绽放了。人生第一次，我找到了做女人的感觉。

几个月前，我为了准备一个女性魅力专题讲座又特地做了一次“女性能量舞蹈”练习，温习了具体步骤。练完以后没几天，我们公司举办志愿者活动。我和几个以前从没见过的男同事一起给小朋友组装自行车。有趣的是，我每次只要做稍微粗糙一点的工作，比如拿起一个扳手，或者准备给轮胎打气，毫不夸张地讲，不出 10 秒，就会有一位男同事走过来接过我手里的工作帮我做了。要知道那天是志愿者活动，所以我不施粉黛，穿着很休闲的毛衣、牛仔裤和球鞋，就是专门去干活的。所以这种女性吸引力完全不是由外表散发出来的，而是我内心的能量。我当时就又一次被“女性能量舞蹈”的能量震到了。

接下来，就让我们一起学习一下“女性能量舞蹈”，希望大家早日找到属于你的女人味。

“女性能量舞蹈”的具体步骤

首先，请打造一个私人、性感、舒适、安全的舞蹈环境。比如一个人晚上在家练，关上灯，点上一圈蜡烛，滴上玫瑰香薰精油，插上几枝鲜花，放上最喜欢的舞蹈音乐，换上性感的蕾丝内衣，穿上高跟鞋，戴上心爱的首饰，化一点淡妆，或者抹一点口红，倒上一杯香槟等。如果你对自己的舞姿比较自信，还可以放一面全身镜，看着镜子里的自己舞动，没有镜子也无妨。总之给自己营造一个无比性感、有情调、舒适和安全的环境就是了。

我不建议在有人的环境中跳，哪怕是爱人也不行。因为“女性能量舞蹈”需要你在一个安全舒适的环境中和自己内心的女性能量完成对接，当有旁人的时候，舞蹈多少有点“表演”的成分，也就很难达到效果。

接下来，你按照下面五大女性能量品质依次开始跳舞，一项品质是一整支曲子，你特别想培养的品质可以多跳一两支曲子，所以整个练习需要二三十分钟。刚开始几周，你可以每周做两次练习，以后每周跳一次或者不定期地跳。当然如果你想多跳几次也没问题，权当运动，绝无副作用！

- 火辣大胆（nasty ）。这是火能量，充满热情，有致命的魅惑力。按照这个能量跳舞时可以想象自己是一个无拘无束、大胆撩人的脱衣舞娘，做出各种勾人的动作，在地板上以猫的姿态诱惑地匍匐前进，跳膝上艳舞（Lap Dance）等。怎么火辣大胆怎么来！
- 有生命力（sassy）。这是土能量，时髦，漂亮，充满生命力。按照这个能量跳舞时你可以想象《欲望都市》的女主角卡丽·布雷萧沿着纽约第五大道走过来时满脸微笑、自由、意气风发又无拘无束的状态。怎么有活力怎么来！
- 优雅（graceful）。这是空间能量，美丽又高高在上，可远观而不可亵玩。比如想象凯特·布兰切特走奥斯卡红地毯时如仙女下凡般让人移不开眼睛。当然，也许你心中的优雅女神是奥黛丽·赫本，或者是格蕾丝·凯利，又或者是黛安娜王妃，都可以。总之，想象你的女神会如何舞动她们的身体，然后找到那种优雅的感觉，怎么仙气飘飘怎么来！

- 调情勾人（flirty）。这是空气能量，非常轻盈灵动。按照这个能量跳舞的时候可以想象你穿着薄纱裙像精灵一样在森林中开心地奔跑、穿梭、玩耍。而在一旁有一个男人艳羡着迷地看着你，你一边自己玩耍，一边回头调笑地看他，让他不自觉地来追逐你。怎么勾人怎么来！
- 性感魅惑（seductive）。这是水能量，非常妖娆性感。按照这个能量跳舞的时候，你可以想象中东那些美丽而神秘的肚皮舞娘，以及她们像波浪般舞动的身体。或者像《史密斯夫妇》里安吉丽娜·朱莉开场时穿着白色蕾丝裙子在人群中妖娆地舞动，勾人地看着布拉德·皮特的样子。怎么妩媚怎么来！

如果你一开始不懂得如何按照这些能量跳舞，没关系，装就行了。你觉得孩子们在玩医生与病人的游戏时知道怎么做医生吗？他们当然不知道，只是拿着听诊器像模像样地想象着医生应该怎么做。跳女性能量舞也一样。刚开始都是装，靠想象，反正这不是表演，你也不需要看镜子，无论你跳成什么样子都没关系！想象一下你心中的女神会怎么舞动？凯特·布兰切特是怎么舞动的，玛丽莲·梦露是怎么舞动的，安吉丽娜·朱莉是怎么舞动的，脱衣舞娘是怎么舞动的……要是实在想象不出来可以去网上搜索一下你心中女神的舞蹈片段，然后带着那种感觉跳就行了。跳着跳着你内心与之对应的能量就会被挖掘出来，身体就会记住这种能量，成为你的一部分，之后你自然而然地就会成为一个极具女性魅力的人，以你最本真的面貌轻松面对这个世界！

内涵让你成为终极赢家

王姨是中国人，26 岁到美国以后结过三次婚，老公一个比一个牛，现任丈夫是上过《财富》杂志封面的身家上亿的企业家。因为她的传奇经历，很多人对她很好奇，猜测她美艳动人，是女人中的女人。结果，他们在见到她本尊的时候，所有的幻想都破灭了。王姨 50 来岁，身材矮小，不施粉黛，穿着略保守，她的气质很硬朗，毫无柔美之气。这样的她在一群衣香鬓影的富太太中乍一看简直像个管家，只有一双精光闪烁的眼睛透露出她背后的故事。王姨出身普通，经历坎坷，到美国后从零开始，做到硅谷的风险投资家以及几家顶级心理培训机构的董事，她的故事曲折得够写一本书。命运虽坎坷，但是她始终不折不挠，用生命的磨刀石把自己打磨成了一个独一无二、极富内涵的女人，并成功地斩获一段又一段爱情。

在我来看，内涵是阅历、智慧、学识的组合体，是一种不分性别的终极魅力，它的能量甚至超越了颜值和女人味。无论在恋爱中还是其他场合，有内涵的人往往更容易获得长久的尊重和珍惜，也更容易收获平等且高质量的爱情。

至于如何培养内涵，很简单：积累，通过经年累月的学习和阅历不断打造及沉淀自己。我知道这话有点儿空，但是内涵真的就像造房子一样，是一块砖一块砖地积累起来的，没有捷径。如果你每一天都在认真生活，珍惜你的时间，把尽可能多的时间用在自我投资，而不是虚度光阴，那么，你最终肯定会成为一个有内涵的人。我分享几个基本原则。

- 保持对生活的好奇和热爱，不怕失败，多经历，多尝试。
- 投资大师巴菲特和查理·芒格说，他们最重要的工作就是学习。学习是一生的事。只有不断自我投资，才能把时间当作朋友，越活越明白，越活越有内涵。
- 激励演说家吉姆·罗恩说，你的人生是和你相处时间最多的5个人的平均。多交些有想法的朋友，远离那些“拉低”你的人。

吸引理想伴侣来到身边

当你有了清晰的择偶目标，并且具备足够的吸引力后，接下来，就可以充分地利用吸引力法则来吸引适合的人选。

有了清晰的目标，全世界都会帮你择偶

有一个清晰的择偶目标真的很重要。

第一，知道自己要什么，才会知道自己不要什么，才可以轻松地做出理性的选择，确保我们选择的伴侣和我们不会有原则上的分歧。

第二，知道自己要什么，世界才会知道给你送什么。还记得那个把世界比作厨房的例子吗？你会给厨师下一个模糊不清的点餐单吗？我想多数人不会，因为你知道如果你不说清楚要点什么，厨师不太可能会送

来你真正想吃的饭菜。既然如此，那么为什么你会给世界一个模糊不清的择偶标准呢？在这种情况下，它能帮你物色到一个真正合适的人吗？很多事情，自己理清楚了，别人才知道该怎么帮你，一切就很容易了。

第三，知道自己要什么，你的潜在发展对象都可以帮你择偶。很多时候，我们抱怨身边渣男多，浑身烂桃花，没有合适的人选，其实，如果你自己无比清晰地传递着“我要什么，不要什么”（同时，你也具备了和目标相匹配的吸引力），那么你的潜在发展对象就会自动考量他是否适合你。如果适合，他就会很欣喜地接近你，知道自己就是你想要的。如果不适合，那么他会自动离开，因为他知道自己不受欢迎。也就是说，他们也在为你选择。

举个我在交友网站用一周时间找到老公的例子。很多人吐槽网上交友人太多太杂，还有大量的骚扰信息，但是，这些不快我都没有经历过，因为当我清楚地知道自己要什么时，不仅仅是我自己在努力寻找，这个世界和所有潜在对象都在帮我选择。

想象一下在美国某个大型免费交友网站上，在各式各样鱼目混珠、矫情、欲盖弥彰的自我介绍中你看到这样一段简介：

> 一稼，中国上海人，以前在亚洲和非洲银行业工作，2009年来到美国攻读哈佛MBA，现在在旧金山salesforce.com从事销售企划工作。我热爱学习、旅游、阅读和写作。我想找一个健康、顾家、关心人、有责任心、有上进心、值得信赖的伴侣来组建一个家庭……

简介旁边还配了几张我阳光灿烂的正面近期未经修饰的照片。这样做的结果是什么呢？首先，虽然网上交友鱼龙混杂，但是向我发骚扰信的无聊人士非常少，因为他们一看我的清晰的择偶条件和坦荡的自我介绍就都没勇气，也没有兴趣骚扰我了，根本无机可乘！其次，来约我的男士都很靠谱，也都在找关系稳定的伴侣，阿顿就是其中之一。他后来对我说，他看到这个自我介绍的时候非常惊喜，觉得我很清楚自己要什么，他自觉完全符合我的标准，而且，他非常欣赏这样坦荡和有勇气的我，于是就写了一封长信来介绍自己，约我见面。就这样，我在一个免费交友网站上只用了一周，就凭借无比清晰的择偶标准“吸引”来了我的人生伴侣。这就是目标的力量。

打通所有渠道，给吸引力法则充分发挥的空间

如果我们有清晰的择偶目标，也具备和目标相当的吸引力，却整天坐在沙发上追剧，没有任何接触异性的机会，这让吸引力法则怎么发挥作用？所以，要让吸引力法则充分发挥功效，我们就要打通所有接触异性的渠道，让理想伴侣更容易来到我们身边。常见的渠道包括亲友介绍、相亲、网上交友、各种派对、兴趣俱乐部、社群活动等。其中的一些渠道常被吐槽质量差、效率低。其实，很多时候，这并不是渠道本身的问题，而是因为我们自己的目标不清晰，让渠道的筛选功能没有被彻底利用。当我们自己有清晰的目标，并且分享给渠道时，渠道就可以最大限度地发挥筛选功能，帮我们挑选适合的人。

在这里，我想向单身的朋友推荐一下网上交友，因为这是一个非

常高效的遇见另一半的场所。第一，我们知道这个人单身，不用猜来猜去。不像在社交场合认识的人，我们很难在第一时间了解他们的婚恋状态。第二，我们能看到对方的照片、基本情况、择偶条件、文字表达等。相由心生，文如其人，这些信息可以让我们很直观地了解一个人，在决定见面之前就做出大方向上的判断和筛选，高效省心。第三，也是非常重要的一点，就是我们可以充分地表达自己：我是谁，向往什么样的生活，想要找什么样的伴侣等。用清晰的表述来吸引合适的人选。当然，婚恋网站上也曝光过一些骗局，所以大家要注意自我保护。

一般来讲，如果你的目标清晰，具备和目标相当的吸引力，并且打开了所有的交友渠道，那么，“吸引”来合适的伴侣不会是一件难事。但是，我们也不排除你把这些都做到了，却还是长期“脱单”无门，出现这种情况有两种可能。

第一，缘分未到。在这种情况下，就请继续摆正爱情是轻奢品的位置，过好自己的生活，不断让自己变得更好，并继续开放所有渠道，当时机成熟的时候，那个人就会出现在你的生命中。

第二，现有渠道里没有合适人选。这种情况在条件优越、择偶标准也高的人群中尤为普遍。这些人目标清晰，自身条件也过硬，但是因为要求很高，适合他们的人选非常少，有时候同城、同国甚至同洲也没有几个合适的，所以，现有的渠道不足以“吸引”来合适的人选，因为根本就没有，或者竞争过于激烈。这时，我们需要做的就是拓宽渠道，到目标人选更集中的渠道发展。举几个例子，很多人去读商学院除了事业上的追求以外，也想顺带找到合适的人生伴侣，因为商学院是一个高质量青年云集的地方，很多人也的确在这里找到了自己的另一半。我有个商学院的印度同学，他的妹妹是个在印度生活的老师，她并没有读MBA，而是来探望哥哥，但一住就是两个月。假期结束回印度前，她和我们另一个印度同学确定了恋爱关系，后来两个人结婚了。我还有个朋友，在某个男女比例严重失调的城市单身生活多年，“脱单”无望，于是毅然辞掉了高薪职位，搬到单身汉云集的旧金山，两年之内结婚生子。这样的例子不胜枚举。有很多人为了找到理想的另一半做出了非常大的投资和努力，而幸福往往属于这样的人。所以，不要抱怨身边没有合适的人选，想一想怎么充分利用你的资源打开你的渠道吧。

幸福是有套路的

当我们通过高质量“脱单”找到了一个没有原则性分歧，并能和我们产生五大吸引力的伴侣时，这段感情就有了一个好底子，也为发展成长久稳定的伴侣关系打下了坚实的基础。当然，任何经历过长久爱情关系的人都知道，一段爱情往往在开始的时候是最美好的，水位也是最高的。两个人卿卿我我、花前月下，努力用最好的一面来吸引对方。但是，在进入稳定期以后，爱情就渐渐地在现实中展现出它平凡、琐碎甚至丑陋的一面。

在现实面前，底子再好的伴侣也会产生分歧，而这时，很多人不懂得如何有效地解决分歧，只会吵吵闹闹，看起来很努力，却什么问题都没有解决，最后只能靠消耗对彼此的爱来忍让和收场，于是每一次争吵过后爱的水位就降了几分。当爱的水位下降到警戒线以下时，分歧就很难收场了，爱情也就亮起了红灯。用这样的方式经营爱情无异于慢性自杀，从一开始结局就是注定的，死亡只是一个时间问题。

研究表明，一次负面沟通需要五次甚至更多的正面沟通才能弥补。所以，如果我们想让爱情长期处于高水位，甚至随着时间的推移不断攀升，我们需要做的就是尽量减少负面沟通，同时尽可能地增加正面沟通。让爱情的水位在“低损耗”与“持续加水”的共同作用下不断再创新高，越过越幸福！

打造一座不漏水的水坝，轻松维系高水位爱情

任何伴侣，感情再好，性格再合拍，三观再一致，也必然会有分歧。产生分歧时，大多数人的第一反应是气愤、伤心、不甘或者不可置信，于是难免出现负面沟通。负面沟通的杀伤力是巨大的，不仅无法解决问题，还会给爱情水坝捅个大窟窿。就算我们事后再积极及时地修补，大量漏水也在所难免。所以，我们一定要尽可能地减少，甚至完全避免负面沟通，打造一座不漏水的爱情水坝。到那时，维系高水位爱情就很轻松了。

要做到减少甚至完全避免负面沟通，接下来我要说的这点是重中之重。可以说，只要做到这一点，无论你怎么沟通，都不太会犯错。

爱对方就全盘接受对方，包括对方的不同

我有一个很注重健康饮食的朋友，她有一个爱吃快餐、爱喝可乐的男友。她每次看到男友买回来一大堆炸鸡、薯条就会感到不可置信，甚至很气愤，于是对男友说："你怎么会爱吃这些东西?!为什么你不明白这些东西是很不健康的?!为什么你就是不肯多吃沙拉?!"她的激烈反应导致的结果是，只要他们一谈饮食问题就会吵架，而她的男友的快餐也越吃越多，越吃越频繁。

每个人由于成长经历不同、家庭教育不同、性格不同，甚至性别不同，所以处理问题的方式、思维方式、认知以及常识也都不同。而很多人都有一个盲点，就是认为"我一切都是对的""这件事情应该是这样的"。在这些想法的驱动下，我们会觉得对方的"不同"非常不可思议，觉得"你怎么能这么想 / 做"。然后会失望透顶，甚至气愤不已。接着，我们就会不断试图改变对方，想让对方变成我们觉得"对"的样子。

在第二章中，我们已经了解"这个世上的事物本无好与坏，好与坏只在我们的思想中存在"。也就是说，认知本身是没有对错、不分高下的，它们甚至不是真的（不是事实本身），它们只是不同罢了。如果我们真的理解了这一点，就不会因对方的"不同"做出过于负面的反应，也不会一味地执着于让对方向自己靠拢。就像吃沙拉还是吃炸鸡，其实只是一个饮食偏好问题，正如我们偏爱某一种颜色，没什么对错可言。快 90 岁的股神巴菲特每天早上吃麦当劳、每天喝 5 瓶可乐尽人皆知，人家可比大多数人都健康长寿啊。所以，吃炸鸡真的有这么"错"吗?

与此同时，任何人在面对"被改变"时，首先都会产生"我是不

是不够好”“我做错了什么”“对方是不是嫌弃我”之类的消极反应。然后，我们会开始反感别人试图掌控我们的人生，从而以各种方式反抗。因为每个人都有“我的事情我做主”的潜意识，哪怕我们的某些行为的确不太好，但是“我做主”或者“我是对的”的潜意识也会操纵着我们固执己见，于是这些“恶习”往往会在“被改变”的过程中得到加强。我朋友的男友快餐越吃越多，很多严苛的父母会教出叛逆顽劣的孩子都是这个原因。

反之，如果我们全盘接受对方的“不同”，那么，首先，对方就感受不到我们在“指责”或者“想改变他”。这时，对方会感到被接受和被爱，感到对自己的生活有充分的主宰权，于是会放下内心的抵触和反抗。这时，对方反而更可能以开放、轻松、好奇甚至向往的心态来看待我们的“不同”观点，然后做出一个最适合自己的决定。

现在，我和阿顿都已经学会了以“接受”的态度来面对彼此的不同。每当我们有不同的观点时，我们不会把自己放在一个“我是对的，你是错的”的高度，以俯视的角度碾压对方的观点，让对方认同自己。相反，我们的出发点是“我不同意你的观点，但我相信你有你的理由”。

举个例子，我是个比较随性的人，得饶人处且饶人，不喜欢正面冲突。而律师出身的阿顿则是一个很较真的人，只要是他认定的事，就一定会坚持到底。有一次，我们去一家五星级酒店吃饭，在门口等位处等了 5 分钟都没有人来给我们领位。阿顿当即就不高兴了，直接把领班叫来批评了一顿。其实，我觉得这没有必要，我们也没什么急事，何必大动干戈，再加上我不喜欢正面冲突，所以阿顿一叫领班来，我就开始心跳加速，坐立不安。但是我也理解阿顿觉得“你们的服务和五星级酒店完全不相称，我有必要让你们知道我们的反馈”的想法。所以，我既没有劝他，也没有干涉他，而是悄悄地走到一个听不见他们谈话内容的角落，远离这个让我不安的场合，也给了阿顿足够的空间做他觉得对的事情。

在一段成熟的爱情中，爱对方就要全盘接受对方，接受这个人是什么样的，也接受这个人不是什么样的。让对方以本来的面貌，而不是我们想象中的面貌来和我们相处。觉得伴侣的一切都是合理的，不试图改变他，这是对伴侣最高限度的尊重，也是一种爱别人的成熟方式。当我们做到这一点时，很多“矛盾”“冲突”都会烟消云散，我们所有沟通的出发点是理解、尊重、信任和接受，这时，无论你怎么沟通，都不会错，也就为建立一份互敬互爱、成熟的高质量感情打造了一个坚实的基础。

学会好好听话和好好说话，任何分歧都不怕

分歧可以分两类，一类叫作“他的事”，比如，他爱吃快餐，或者他要批评服务不周的酒店领班，或者他说话很慢，或者他不喜欢社交活动等。这类事主要是对方的个人偏好，对身边的人影响并不大。对于这类分歧，当我们做到爱他就是全盘接受他时，我们会很自然地给对方足够的空间去做自己，这时分歧基本就解决了，甚至根本不存在了。

另一类分歧叫作“影响到我的事”，比如他是工作狂，忙到没空陪我；或者，他很邋遢，影响我们共同的生活环境；或者，他很懒，所

有的活儿都是我在干；或者，他不尊重我的父母，让我很不高兴；或者，他的性爱技巧很差，我欲求不满。这类事情虽然还是对方的偏好造成的，但是对我的影响非常大。在面对这类分歧时，当我们学会爱他就是全盘接受他时，首先我们会很清楚地意识到这只是我们的“不同”，就不会产生“我是对的，你是错的”的心理，那至少不会把这些分歧冲突化，不会让对方觉得不被接受或者需要为自己辩护，这就是一个非常好的开端。但是仅“接受”并不能解决问题，要真正弥补两个人的分歧，我们就要培养解决分歧的能力。

第一步，“忘我”地聆听对方的想法。

老王的老婆一直在抱怨“我们沟通太少”，但是老王一句话就顶回去了：“沟通少？你每天晚上 11 点才到家，我怎么跟你沟通?!”其实，这是一个很常见，也很好解决的分歧，但是，因为老王不懂得聆听的艺术，所以错过了听取妻子的想法并一举解决分歧的大好机会，再加上很多类似事件的日积月累，两个人越闹越僵，最近已经在办离婚手续了。

要想解决分歧，我们就需要了解彼此的立场、出发点和目标，更重要的是，要向对方表明你们在解决这个问题上是伙伴，而不是敌人，从而建立信任感。要想做到这些，最有效的办法就是聆听。

很多人在解决分歧的时候根本不给对方说话的机会，只顾大谈特谈自己的观点，觉得自己浑身有理，试图“以理服人”，说服对方。其实，这样做就说明你还是觉得自己是“对”的，对方应该按你的方法来。也就是说，你还是没有做到爱对方就接受对方。如果你真正了解分歧只是你们的“不同”，没有对错和高下，那么，你难道就不好奇对方究竟是怎么想的？对方为什么会有和你完全不同的观点？也许对方真的有值得你学习和借鉴的地方？

当你愿意暂时放下自己的观点来听对方说话时，就是在以行动表示，“我知道我们有所不同，但是我尊重你的意见，也想和你一起解决问题”。这时，对方会感到自己被尊重、被理解、被信任，就会放弃“战斗模式”，平静而轻松地和你分享自己的观点。

需要注意的是，聆听不仅仅是一个姿态，更是一个技巧，而最有效的聆听状态是“忘我”。其实，很多人在听对方说话的时候脑子里都播放着很响的背景音乐，对对方说的话做出同步判断，对和错，同意和不同意，喜欢和不喜欢，然后再不断用自己的想法“翻译”对方说的话。到最后，你甚至完全不记得对方的原话和原意是什么了，只记得自己“翻译”完的观点。用这样的方式去聆听就难怪别人常常觉得不被听见、不被理解，久而久之也就懒得和你说了，反正你也没在认真听对方说什么，反而总是在歪曲对方的意思。

“忘我”地聆听就是彻底关掉你大脑中的背景音乐，没有判断，没有辩论，没有对错，把自己完全置身在对方的位置，以对方的眼睛来看世界。当你做到这一点时，你不仅会原原本本地感受到对方在说什么，甚至能真切地体会到对方当时的感受以及目标，哪怕这些对方都没有通过语言表达出来。这就是真正的“设身处地”。

回到之前老王的例子。其实妻子抱怨“我们沟通太少”是在向他发出“我们有分歧，我想和你聊聊”的信号，这时候，千万不要急于为自己辩解，一棍子把这个谈话打死。反而，要让她说，让她把观点和感受都讲出来，老王只要认真听就可以，力求了解她真正的抱怨是什么，想实现的目标又是什么，这样她不仅会感受到被理解，也为解决具体问题打好了基础。其实，很多时候，当对方把话都讲完了，也觉得你都听懂了，问题就已经解决了一大半。

现在，每当我和阿顿产生分歧的时候，我都会习惯性地先放下自己的目标和观点，关掉大脑中的背景音乐，去聆听他到底为什么这么想、为什么这么做。当我进入这个状态以后，阿顿就会以一种非常松弛的状态完全打开心扉，彻底地分享自己。因为他知道，在我这里没有偏见和评判，只有理解和安全，所以他完全不需要全副武装地进入“作战模式”。在他分享的时候，我会发现自己真的理解他看到和感受到的一切，我甚至会不自觉地用他的语言来讨论和提问。而每一次聆听结束以后，无论这个分歧刚开始看起来多么不可思议，我最后都会非常理解他，知道他为什么这么想、这么说、这么做、有什么感受、目标是什么等。

只有放下自己，才能听见别人。当我们学会“忘我”地聆听，就是和伴侣建立了一个信任和理解的环境，并且完全了解对方的立场。在知彼知己的情况下，你往往更能看到一些之前看不到的解决方案，而且这个方案也会更容易被双方接受。

第二步，从“我”的角度来分享。

阿曼达最近在和老公闹矛盾，她觉得老公平时下班太晚，周末又要加班，两个人都没时间相处，她感受不到爱。于是，她尝试过好几次和老公沟通，“你看你加班到这么晚对身体不好，早点回来吧”“周末加班有必要吗？你们老板也太狠了吧”等。结果老公都置若罔闻，根本没有改正的意思，于是阿曼达非常痛苦，觉得“跟他怎么说也不听，他心里根本没有这个家”。

分享要掌握一个原则：多说“我”，少说“你”。当我们做到爱对方就是全盘接受对方时，也就会尊重和信任他做的一切都有自己的原因与道理。所以，除非对方主动询问，否则，我们不需要指点对方该做什么、不该做什么，信任对方是个成年人，知道自己在做什么，也会对自己的决定负责就行了。

但是，信任对方不代表委屈和压抑自己。我们完全可以和对方沟通他们的举动带给我们的真实感受，比如“我们很久没有聊天了，我觉得心里空空的，感觉不到被爱”“你下雨天开快车，我每次都好担心”“家里满地臭袜子，我觉得精神紧张，心里很不舒服”“今年生日我没有收到你的礼物，我很失落”“你今天聚会的时候当着大家的面说我笨，我心里很难过，哭了好几次”等。这样的沟通方式重点在于分享“我的感受”，这其实是一种简单的反馈，在不指责对方“错”，也不告诉对方“你该怎么做”的情况下，单纯地告诉对方“这些（没有任何错误的）举动给了我不好的感受，我们需要沟通和解决”。

当我们这样沟通时，对方首先不会感受到指责和埋怨，所以，不需要全副武装地为自己辩解。不需要辩解就释放了大量的能量和空间，接下来，对方会很自然地把注意力都放到你身上，既然你不高兴了，那么一起来看看为什么、怎么解决。其实，大多数人都希望自己的伴侣高兴。只要对方不觉得自己被指责，不被接受，就会非常愿意照顾你，想方设法地让你高兴。而一旦对方感受到指责，那么所有的能量都会被用在为自己辩解和坚持“我是对的”上，也就没空照顾你了。

回到阿曼达的例子，其实阿曼达的沟通错误很明显，她在告诉老公“你这么做不对，你该那样做”时，矛头都是指向老公的，那么老公肯定会想“我这样做没什么不对”，于是，沟通就这么结束了。相反，如果阿曼达多分享自己的感受，比如“你加班这么多，我每天都在为你的身体担心，而且我们很久没聊天了，我觉得很不开心，觉得不被爱”。这时，老公不仅不会感到对自己的指责，反而会觉得被关心和被需要，于是注意力就很自然地被带到阿曼达的心情上。接下来，一个很自然的问题就是“我怎么做才能让你高兴起来”。

需要注意的是，我们在分享“我不高兴”的同时，千万不要有“你只有这么做了，我才会高兴”的执念。一旦这样的话，对方很快就会感受到你想改变他，然后就会把原本用来爱护你的能量全部收回，用来保护自己，沟通至此也就失败了。

正确的姿势是，简单地提出你的真实感受，接下来就把所有的空间留给和对方共同解决问题上，找到一个彼此都可以接受的方案，皆大欢喜。你当然可以有一些解决问题的思路，但是千万不能有“这是唯一的解决方法”的执念，而且，除非对方问你“你觉得我们该怎么办”，请不要一股脑儿地把自己的建议和解决方案说出来，因为这就又成了你在告诉对方该怎么做。相反，哪怕你有很多想法，也要退后一步，给彼此足够的空间和信任来共同想一个你们都觉得合适的方案。毕竟，只有你们共同找到的方案才能被彼此更好地接纳和执行。

当学会多说“我”，少说“你”，同时放下对“如何解决”的执念时，我们就为找到双赢方案创造了极大的空间。

第三步，寻找双赢的解决方案。

很多分歧乍一看不可弥补，但是在我们真正做到知彼知己，并且营建起一个信任和理解的空间以后，我们往往会发现解决的空间比想象的要大很多，而且有很多双赢点。这些双赢点对于两个人来说不一定是“最完美”的方案，但绝对是彼此都可以愉快接受的方案，而不会让一个人一味地妥协和忍让。当我们共同找到并认可一个双赢方案后，分歧至此就彻底解决了。

举个我和阿顿的例子。有一次，我和阿顿讨论生了宝宝以后，谁应花更多的时间带宝宝。我的观点是：“宝宝是咱俩生的，当然是咱俩一起带。”而阿顿的观点是：“刚开始几年很多事情爸爸实在帮不上忙，而且我的对冲基金公司刚刚创立没多久，根基还不稳，所以一开始需要你多担待，多支持我。”我们的观点乍一看有很大分歧，我们当时心里都有点不爽，觉得对方太不体谅自己了，但我们还是抱着“接受”的原则继续心平气和地沟通，在认真聆听对方看法的同时，诚实地分享自己的想法。

于是，我说：“我当然支持你的工作，也很心疼你每周工作 90 个小时，拼命打拼。但是我也有理想啊，我想帮更多的人过得更好，所以我下班后几乎所有的时间都会用来写书、写公众号文章、做讲座等，每周的工作时间超过80个小时。虽然我知道我的努力目前既不赚钱，前途也不明朗，但是这对我很重要。我唯一想避免的局面就是宝宝出生了，我完全没时间追逐理想了。如果这样，我是不会开心的。”听了我的话，阿顿接着说：“我当然支持你的理想，也不想你不开心。其实我这么辛苦打拼还不是想为我们创造一个更好的生活。如果我可以多挣点钱，我们就可以雇保姆、厨师、助理等帮手来帮忙料理我们的生活，那我们就都会有充足的时间来追逐理想！”到这里，虽然我们的分歧还没解决，但是我们已经很了解彼此的目标和出发点了，也就为找到双赢点奠定了基础。

于是，我对阿顿说：“我同意钱可以解决很多问题。这也是为什么很多忙翻天的名人还可以生一大堆孩子的原因，安吉丽娜·朱莉为6个孩子请了6个保姆，扎克伯格一家四口雇了十多个人帮忙。所以，我们目前关于谁带孩子的分歧主要存在于当我们有财力聘请很多帮手之前，是吗？”

阿顿说：“是的。”

我说：“这样吧，我们来模拟几种不同的场景，看看具体情况怎么处理，好吗？”

阿顿说：“好主意！举个例子，我某天晚上要见一个大客户，机会非常难得。而你的‘知识创业’始终没有起色，所以你现在写文章、做讲座仍然只是兴趣爱好，这种情况下谁在家带孩子？”

我毫不犹豫地说：“当然是我，这个毫无争议！换个例子，如果我们的事业都处于上升期，我有一个很重要的电视访谈要准备，谁带孩子？”

阿顿面露兴奋地说：“电视访谈？你当然要去！我可以调整我的工作来看孩子，孩子也可以跟我上班！”

我开心地笑了并说道：“谢谢亲爱的！那再来一个例子，如果你的事业处于上升期，而我写文章还是不赚钱，但是这对我来说很有意义，也让我觉得很开心，我不想放弃怎么办？”

阿顿很轻松地笑了：“不赚钱没关系，只要你喜欢。我当然支持你继续做自己喜欢的事。不过，在这种情况下，你可能要多担待带孩子的工作，但是我们可以每周安排一些时间我来带，这样你会有时间做自己喜欢的事——写文章、学习、锻炼、美容等。这样可以吗？”

听到这里，我忍不住开心地扑上去献上我爱的抱抱：“可以！多谢老公！你是最棒的！”

就这样，一个乍看之下“矛盾突出”的分歧就被轻松化解了。当然，其实我们真实的沟通过程要复杂很多，有一个多小时。但是在整个沟通中，我们始终没有指责对方自私、不体谅自己，也没有一味地坚持自己的观点来试图说服对方，而是坚持认真地聆听对方的观点，从“我”的角度分享“我”的目标、担忧和感受，然后在一个既有爱又有创造力的空间中一步步共同探索双方都能接受的方案，直至找到双赢点。

在寻找双赢点的过程中，一个很重要的技巧是：沟通一定要准确，尽量用细节和实例沟通，不然很容易产生误解。避免又大又空的沟通，比如，“我需要你的支持”“我要追求理想”“我需要空间”等。相反，要把这些口号式的语言用实例精准地描述出来，并在实例中寻求解决方案。比如：“我有重要的会，谁带孩子？”“有孩子以后，我仍然希望每周去三次健身房，每两周发表一篇公众号文章，每个月做一次美容，可以吗？”“我希望每天冥想 30 分钟，可以吗？”当我们用具体的实例沟通时：首先，对方更容易理解我们的观点和目标，不容易产生歧义；其次，解决实际问题比解决空泛的口号要容易很多。

第四步，如果找不到双赢点怎么办？

在伴侣关系中，绝大多数分歧其实都是可以找到双赢点的，毕竟你们是彼此千挑万选选来的伴侣，一般不会有原则性分歧（比如，我坚决不要孩子，对方一定要孩子；我是无神论者，对方坚持要我信某教等）。只要不是原则性分歧，解决的空间一般都很大，双赢点也很多。当然，我们也不排除有一些非原则性分歧很难找到双赢点，要解决这类问题，我们就要学会放下“一定要这样”的执念，提醒自己“这不是原则性问题，只是个人偏好”。只要不是原则性的问题，就有妥协和让步的余地。如果实在找不到双赢点，就看这件事情对谁更重要，另一个人让一步就行了。

当我和阿顿找不到双赢点时，最常用的一个方法就是问彼此“这件事情对你来说有多重要？ 1 到 10，打个真实的分数”，一般 10 秒就能解决问题。下面我再举几个例子。

有一次，阿顿特别想让我陪他去参加一个社交派对，但我原本的计划是在家里写作。怎么办？我就问他：“我陪你去参加派对对你来说有多重要？打个分吧。”他想了想说：“我特别想让你和我一起去，因为会更好玩。但是要说重要性，就两三分，因为我一个人也可以去。你还是写作吧，这比较重要。”我就笑了：“谢谢老公！”

还有一次，我们商量晚上去哪儿吃饭。阿顿说他想吃意大利菜，而我想吃日本菜。怎么办？好办，打个分。他说想吃意大利菜的程度是 8，我说想吃日本菜的程度是 7。这两个答案比较接近，很难判断，那再问一个问题：“你有多不喜欢对方的提议？”他不喜欢我的提议的程度是 7，而我的程度是 4。那就接受他的提议，去吃意大利菜！

当我们放下执念，用合作和包容的心态来参与讨论时，很多看起来不可调和的分歧就可以轻松搞定了。

婚前讨论，不打无准备之仗

当你和爱人之间具备了较满意的五大吸引力，也培养了共同解决分歧的能力时，我们就会发现生活变得轻松有爱。这时，你们就为步入爱情的下一个阶段（婚姻），并幸福地走下去打下了坚实的底子。

但不可否认的是，要想在婚后维系长久的幸福，仅具备这些条件不一定足够，因为婚姻中有些问题非常重要，分歧点可能很大，相应地，解决难度也会很大。这就像你学会了游泳，不代表你能赢得奥运会金牌一样。很多夫妇在层出不穷的高难度挑战面前不知所措，疲于奔命，黔驴技穷，最后彻底放弃。好将领不会打无准备之仗，即将步入婚姻的爱人也需要做充足的婚前准备。好在，大多数婚后可能出现的重大矛盾都是已知的。

许多心理学家把导致夫妻离婚的因素归纳为金钱、性爱、子女与家务。我们已经知道这些因素是婚姻的高危区，那么可不可以婚前就讨论一下呢？了解彼此在这些问题上的观点和期望，提前发现可能存在的矛盾点，及早寻找解决方案并调整期望值，避免婚后出现“你竟然是这么想的，我真后悔嫁给你／娶了你”的局面。

《纽约时报》的畅销书作家苏珊·皮韦尔在《艰难的问题》这本书里邀请所有即将结婚的伴侣就财务、性爱、工作、家的安置、大家庭、健康、孩子七大方面一起回答 100 个非常重要但是大多数人从来不讨论的问题。举几个例子帮助大家体会一下这些“艰难的问题”。

- 财务：我们现在挣的钱足够我们的开销吗？ 1 年、5 年、10 年后我们会挣多少钱？生活费怎么分担？谁管账？钱会怎么花，衣服、旅游、房租、吃饭等各占多少比重？我们每个月存多少钱？多余的钱怎么处置，存银行？买股票？投资地产？ 我们可以自行支配多少金额以下的支出？
- 性爱：我们能感受到彼此的爱吗？我们对目前的性生活满意吗？我们中有一个人对性生活不满意怎么处理？我们中一个人被别人吸引怎么处理？什么样的行为算出轨？
- 工作：我们对现在的工作满意吗？我们对工作的计划是什么？我们每周花多少时间工作？会考虑不工作吗？我们希望对方在自己的事业中扮演什么样的角色？我们可以在家里工作吗？需要在家里设置办公室吗？

- 家的安置：我们的家安置在哪里？有几个房间？每个房间是做什么用的？谁能在我们家里留宿？我们会在现在的居所待几年？我们是经常在家吃饭还是出去吃？在家吃饭，谁负责买菜、煮饭或清理？家务怎么分配？
- 健康：我们对自己的健康状况满意吗？我们对对方的健康状况满意吗？我们每周会花多少时间锻炼？ 我们觉得对方支持自己的健康抉择吗？
- 大家庭：我们和自己的原生家庭关系如何？我们和对方的原生家庭关系如何？大家庭（父母、兄弟、姐妹等）在我们的婚姻中扮演什么样的角色？有孩子以后，我们的父母会扮演什么样的角色？什么家庭节日对你来说很重要？
- 孩子：我们要生孩子吗？生几个？什么时候生？如何抚养孩子？如果怀孕有困难，我们愿意接受治疗或者领养孩子吗？有孩子以后，我们的生活会发生什么样的转变？ 我们每个人会花多少时间在孩子身上？我们会花多少时间两人独处？

这 100 个“艰难的问题”涉及很多婚后会出现的分歧点，甚至常见的离婚原因。通过在婚前讨论这些问题，我们能够全面地了解自己和伴侣对于未来的憧憬与规划，及早发现可能的分歧点，及时调整期待值并寻找解决方案，有效避免许多婚后矛盾。

需要注意的是，再合拍的两个人对未来也会有不同的想法，这是非常正常的。只要这些分歧不是原则性的，就不是什么大问题，我们都可以运用“解决分歧的能力”来找到双赢点。同时，有些分歧大家乍一看可能觉得是原则性的，会产生一种“完了，这日子没法过了”的感觉，但其实并不是这样。就我和阿顿而言，在完成这些讨论的过程中，我们有过不下10次这样的感觉。有好几个分歧的讨论都进行得异常艰难。有一次，我们花了整整一周时间讨论就为了解决一个问题。其实大多数伴侣之间真正的“原则性分歧”很少，当我们具备“解决分歧的能力”以后，会发现其实很多“重大分歧”都是可以找到双赢点的。当然，如果真的存在“要不要孩子”之类的原则性分歧，那么你们也不适合继续走下去。所以，婚前讨论还可以帮你进一步筛选有原则性分歧的伴侣，避免出现重大的择偶失误。

尽管婚前讨论有时候会非常艰难，但绝对是必要的。婚后，当你们真正面临这些问题的时候，已经对分歧点有了充分的心理准备，也有了解决方案，所以不至于措手不及。打一场充分准备的仗绝对要比打毫无准备的仗容易很多。

当我们学会以正确的姿势解决分歧后会发现，在面对分歧的时候，我们是轻松、胸有成竹、举重若轻的。这时，我们和伴侣之间可以自如地讨论、解决任何在别人眼中非常敏感的分歧。在这种状态下，解决分歧不仅不会产生不必要的负面沟通，甚至可以很大程度地增进两个人之间的理解、信任和连接。于是，爱情就可以常年轻松维持在高水位了。

不断加水，让爱情水位再创新高

在打造了一座不漏水的爱情水坝以后，我们就可以放心地加水，让爱的水位随着时间推移不降反升。给爱情水库加水最直接的方式之一就是不间断地做正能量的沟通，让对方每时每刻都感受到我们的爱。

以对方想要的方式爱对方

大多数人在爱情中都会很自然地使用自己想被爱的方式来爱别人，以为这样做对方一定会感受到来自我们深深的爱。但是，每个人想被爱的方式其实是完全不同的。当我们一味地以自己的方式来爱对方时，就很可能导致对方完全感受不到我们的爱，相当于我们给爱情水库加的水全都流到外面去了，水库也因为没有活水流入而成了一潭死水。更糟糕的是，当伴侣之间感受不到彼此的爱时，就会产生误解、隔阂，甚至争吵。一旦心里产生嫌隙，我们就很难做到全盘接受对方了。这时，一旦有分歧产生，双方就很难心平气和地解决了。于是，水坝就又开始漏水了。

所以，以对方想要的方式爱对方既是不断给爱情水库加水的捷径，也是维系爱情水库不漏水的基础。

在爱的方式上，首先，两性差异巨大且显著。

国际知名的婚姻问题专家、婚姻与家庭生态学博士爱默生·艾格里奇在畅销书《男人需要尊重，女人需要爱》中提出：尊重是男人的天空，缺少了它，男人就无法飞翔；爱是女人的氧气，缺少了它，女人就会窒息。没有感受到丈夫的爱，妻子就会拒绝尊重丈夫，以示反抗；没有得到妻子的尊重，丈夫就会拒绝付出爱，以示反抗。久而久之，大量夫妇沦陷在这个“疯狂怪圈”之中，无法自救。这个怪圈形成的根本原因就是我们想当然地用自己想要被爱的方式去爱对方，而拒绝学习对方究竟想要如何被爱。

打个比方，在爱情中，很多女性其实都是在以养猫的方式养老鹰。她们对伴侣嘘寒问暖，将他的日常起居、三餐照顾得无微不至，对他的一切都非常上心，却常常忘了尊重他，于是不自觉地否定他的意见和能力，甚至当众指出他的错误、批评他做事不到位、干涉他的决定、阻挠他实现自己的理想、需要他汇报一举一动、试图改变他等。我们自己也许觉得这些行为没什么大不了，但会让男人觉得自己很没用、不被信任、不像个男子汉、失去展翅高飞的空间。久而久之，他就像一只被关在笼子里的老鹰，失去了男性魅力，也丧失了爱我们的动力。

男人总是渴望在爱人钦佩的目光中英姿勃发地展翅高飞。所以，如果你想要获得他的爱，请在人前人后给足他面子和里子，多多赞美和支持。当你的爱人被充分尊重，回到他自由翱翔的天空时，他会由衷地感激你，也会不遗余力地付出自己的爱。

相对应地，不少大老爷们儿在以养老鹰的方式养猫。他们对爱人都比较尊重，会给爱人很大的空间，但是给了足够空间的一个明显的副作用就是距离感。这种距离感导致很多男性察觉不到女伴细微的需求，如安抚低落的情绪、帮忙做家务、注意到精心的打扮、聆听倾诉等。因而很多女性觉得自己的爱人并不关心自己，也不爱自己，很少对自己嘘寒问暖，也不会甜言蜜语。长此以往，感受不到爱的女性就会像脱了水的鲜花一样失去娇艳的生命力，变得心怀怨气、脾气暴躁，对待男伴的态度也会越来越差。

对很多女性而言，被爱真的是最重要的需求，所以男同胞们，请用心爱你们的伴侣。当她在你的怀抱中绽放成一朵娇艳欲滴的鲜花时，她会发自内心地感激你和尊重你。

除了两性差异以外，在表达爱的方式上，个体差异也是非常明显的。

在《爱的五种语言》中，盖瑞·查普曼博士提出人类其实有五种爱的语言：

- 肯定的言辞，比如告诉对方你爱对方，经常赞美对方等。
- 高质量的陪伴，比如陪对方旅游、吃饭，用心和对方交流等。
- 礼物，比如经常送对方礼物等。
- 提供服务和帮助，比如帮对方做家务、照顾对方的三餐等。
- 身体接触，比如每次见到对方都会给对方一个热情的拥抱和香吻，享受和对方的性爱等。

在这五种爱的语言中，每个人都会有一个主语言和一个副语言。这个语言不仅仅是我们表达爱意的主要方式，也是我们对于爱的主要接收方式。只有当你使用对方的“爱语”来和对方交流时，对方才会感受到你的爱，不然就像对着广东人讲上海话一样，完全不知道对方在讲什么，因为真的就是两种语言。听不懂自然也就接收不到对方的爱，于是造成越来越多的误解和争吵。

举个例子，我的爱的主语言是“高质量的陪伴”，副语言是“提供服务和帮助”。所以如果喜欢一个人，那么我就会陪伴和帮助他。同时，如果一个人愿意陪我，也肯以实际行动帮我，那么即使他从不说爱我，也很少送我礼物，我也会坚定不移地相信他是真心爱我的，因为他使用的是我的“爱语”。反之，如果一个人每次见面都送我精美的礼物，经常称赞我，天天告诉我他爱我，但是他总是没空陪我，当我需要帮忙时，他也没有实际行动，那我就会完全感受不到他的爱，因为他没有使用我的“爱语”和我沟通。

掌握自己和对方的“爱语”至关重要。了解对方的“爱语”，你可以以对方想要的方式爱对方。了解自己的“爱语”，你就可以教会另一半如何更好地爱你。那么，我们该如何分辨我们的“爱语”呢？在“爱的五种语言”的官方网站 www.5lovelanguages.com 上有一个由 30 道题组成的小测试，可以帮助大家迅速了解自己的“爱语”类型。现在就测试一下吧！

培养亲昵感

米拉·柯中鲍姆说：“虽然伴侣间的五大吸引力都非常重要，但是当一对伴侣来找我做咨询时，我第一个观察的往往是两个人之间有没有亲昵感。如果有，哪怕他们的感情已经遭到重创，也还是有机会挽回的。”所谓“床头吵架床尾和”“夫妻没有隔夜仇”，都体现了伴侣之间一层独特的亲昵感。在这层亲昵感的作用下，很多分歧都可以一笑了之。

那么，如何培养亲昵感？

我有个导师，貌美如花，位高权重，在外面是自带光环的女神、金领中的金领。但是她对我说，她在家里和老公、孩子在一起的时候特别没有形象，整天打打闹闹，还经常和女儿一起抢着要骑在老公的背上玩。说这话的时候，她一脸甜蜜的坏笑，留下目瞪口呆的我自行“脑补”气质高雅、美艳动人的她一脸坚决地和 8 岁的女儿“抢地盘”的场景。

榜样的魅力是无穷的。结婚以后，我发现原来自己也具备这个潜质。在外面一副“高冷”样子，一回家关上门就变身无理取闹的小孩儿，智商、形象全丢到一边，常常像树袋熊一样拉着阿顿要他陪我玩儿，拉也拉不开，嘴里还喃喃自语着一些不经大脑的话。刚开始的时候，面对这样的我，阿顿常常哭笑不得：“这是什么情况？朕没见过！”渐渐地，他也觉得这样挺好玩儿的，也就配合我一起扮“无脑”小孩儿。就这样，我们两个逐渐建立了一种专属于我们的亲昵感和默契。工作累了？写作乏了？遇上烦心事了？拉着对方玩一会儿，立即满血复活。看到对方的一个眼神、一个小动作，我们就会想起彼此间的一个笑话，就会同时开心大笑。原本平淡无奇的日常生活就这样变得时时刻刻都充满欢乐与爱，两颗心也在玩儿的过程中越走越近。

生活本身是平淡如水的，过得无聊还是开心全凭你自己，所以，学会放松，给自己和伴侣不时找点小乐子很重要。当我们在家有和在“外面”截然不同的轻松状态时，就很容易产生一种专属于两个人的亲昵感，就是一种“只有你懂得最真实的我”的感觉。这时，家就会显得特别轻松和安全，两个人的心也会格外贴近。在这种状态下，很多小分歧也都会奇迹般地被轻松化解，甚至不需要动用“解决分歧的能力”。

当然，讲到亲昵感，我们不可避免地会讲到性。

美国人特别看重性和谐，毕竟这和吃饭、睡觉一样是我们的基本生理需求。如果性生活不和谐，很多美国人是会因此离婚的，毕竟这是一项我们只能从伴侣身上得到满足的需要，因此，性生活不和谐一直高居美国人离婚原因的前列。和谐的性生活会无限地拉近两个人的距离，并让双方对很多小问题一笑了之。而不和谐的性生活则会让伴侣产生隔阂，这种隔阂是很难用其他形式弥补的，就像如果你饿了，是不能靠多睡觉解决的。一旦心灵有了隔阂，很多看起来和性完全无关的问题都会防不胜防地出现在生活中。这时，爱情水坝又会开始大量漏水。

中国人对性和谐的态度比较宽容，不一定会为了性而离婚，但出轨或者憋屈压抑比比皆是。这其实也非常痛苦，严重影响感情质量，也不是解决问题的办法。

伴侣之间性生活不和谐主要有以下两大类原因。

第一，偏好类。比如：有的人需要一天一次性生活，有的人一周或者一个月才想要一次；有的人喜欢早上做爱，有的人喜欢晚上；有的人喜欢温柔型的，有的人喜欢狂野型的等。

第二，技巧类。技巧不够，不懂得取悦对方，无法达到高潮等。

其实，伴侣间有偏好类的分歧十分常见，这就和三观再一致的伴侣也会有分歧是一样的。只要不是严重的生理疾病（比如性冷淡、性瘾、性无能等），大多数偏好类的分歧依然可以靠“解决分歧的能力”

来找到双赢点。只要牢记，接受对方，聆听对方，表达自己，找个彼此都能接受的双赢点就可以了。实在找不到双赢点就看对谁更重要，一方后退一步，或者交替满足就行了。提醒自己，这只是偏好，不是原则性问题，在不伤害、不过分委屈自己的情况下让对方开心最重要。

至于技巧类的分歧，取悦男性相对还是比较容易的，其实他们“自娱自乐”的能力就很强了，达到高潮也很容易，再多些技巧就是锦上添花，在这里我就不赘述了。

大多数伴侣对于“技巧”的抱怨往往来自女性的不满足。据统计，70%的女性无法在正常的性生活中达到高潮，而20%的女性从来没有体验过高潮，很多女性在性交时甚至会觉得很疼。于是，有的女性渐渐放弃了享受性爱，觉得做爱主要是为了对方，当成任务一般应付男伴，能躲则躲。还有的女性对于无高潮的性生活欲求不满，质量不够就靠数量来凑，对性的需求越来越大，男方无力满足，两人的性需求差距就越来越大。女方长期“吃不饱”，心情怎么会好？于是，开始对男伴心生埋怨，爱情水位也越降越低。

其实，只要掌握正确取悦女性的方法，女性也可以像男性一样轻松达到高潮。女性阴道内的勃起组织和男性阴茎内的勃起组织一样多，不同的是，男性的勃起组织集中在外部性器官上，非常容易被刺激，也就容易勃起。而女性的勃起组织在内部，不容易被充分刺激，所以女性一般需要20至45分钟才会被充分刺激和“勃起”，对照一下平均的伴侣做爱时间为2至7分钟，难怪性爱对于很多女性来说并不享受，很难达到高潮，甚至很疼，因为女性压根儿就还没准备好！

所以，女性享受性爱的关键之一就是前戏要充分！男性可以通过长时间的前戏来充分刺激女性的性器官，帮助女性充分“勃起”，为享受性爱，乃至轻松实现高潮做好准备。

当女性完全“勃起”以后，就可以进入正式的性交阶段。这时就迎来了下一个问题，如何帮助女性更轻松地实现高潮呢？要做到这一点，关键是同时刺激一项以上的女性性敏感器官。

男性的性器官简单直接，大多数男性可以通过集中刺激阴茎轻松实现高潮。但女性的主要性器官是内置的、分散的，很难被充分刺激。这时，可以多刺激一两个敏感器官，比如接吻、亲吻耳垂等。当女性的性器官受到多重刺激以后，感受会强烈很多，高潮也就容易达到了。

在做到充分前戏和多重刺激以后，女性对于性爱的满意度和满足度会大幅提高，很多女性可以和男性一样每次都达到高潮。这时，女性不仅对伴侣的技巧非常满意，也会因为性爱质量的提升而降低对次数的要求，这在很大程度上会缓解女性的需求比男性多的矛盾，缔造一个亲昵和谐的家庭。

第四章

职业管理：方向错了，学多少职场技巧也是白费

本章导读

做任何事，知道自己要什么是成功的一半，工作也不例外。很多人努力了一辈子，却从来没有想过自己究竟适合什么样的工作，一辈子都在被工作选，择业的失败率相当高，低效被动。只有当你知道自己要什么，才能主动出击，为自己打造最合适的工作环境，焕发出自己的光彩。

为了配得上理想的工作，你还要全面打造自己的选择权，而选择权的门槛其实比大家想象的要低。无论你来自什么家庭，是什么学历，有什么资历，只要你养成“优秀”的习惯，就能打败99%的人，并且在任何环境中都会闪闪发光，你的职业生涯也会被一个又一个成功的经历越推越高，直到把选择权握在手中，走上理想的工作岗位。

本章要点

- 年轻人可以在风险承受范围内多尝试不同的工作，丰富自己的阅历。这些经历对于发掘你的核心工作价值非常有用。
- 运用核心工作价值找到一份适合你的工作，然后专注地做下去。
- 当我们习惯了用“说到做到”的态度对待每一份承诺，不怕失败，不抱怨，排除万难做好每一项任务时，我们就能轻松脱颖而出，并最终把握职场选择权。

从无精打采到每天微笑醒来，选对工作的意义

初生牛犊

我毕业后加入渣打银行在上海的国际培训生项目。第一份工作就有机会接受系统培训，我无比雀跃，非常珍惜这个机会。当时的我没什么目标，也没什么职业规划，只是一心一意地想跟同事们学东西。无论任务大小，我从不挑剔，也不抱怨，更不会退缩，以满腔热情，百折不挠地以最高标准完成。

我的工作态度渐渐赢得了老板及很多同事的信任，也为自己赢得了很多机遇。在两年的培训生期间，我如饥似渴地学习着，并先后在上海、约翰内斯堡和内罗毕三地轮岗。只要是银行需要的，我就去做，来者不拒。我不知道自己要什么，只是简单地想多了解这个世界，也多了解自己。

寻求突破

培训生项目结束以后，我调入了渣打银行坐落在新加坡的集团战略部，和银行最高层一起为银行制订长期规划。整个部门近 10 个人，除了我以外，其他同事都来自顶尖咨询公司或商学院。

战略部的工作非常辛苦，大老板们一日千里，作为他们的智囊团，我们当然一步也不能落下。我没有读过商学院，也没做过咨询，年龄最小，资历最浅，同事们觉得小菜一碟的事情，我却毫无头绪，只好从头学起。为了不拖大家的后腿，我常常主动加班，铆足了劲，追赶同事们的步伐，压力很大，也很疲劳。

在战略部的两年，我学到了很多东西，最重要的是学会了以高层视角来看待问题。但是，比起战略分析，我更喜欢以前那种开拓性的实体业务。这个领悟成为一道分水岭。在这之前基本是工作选我，简单而盲目。但是从这之后，我开始思考，我究竟想要什么样的工作，有没有更适合我的行业，其他年轻人是如何规划他们的职业和人生的。

怀着对世界的好奇和对自己的疑问，我考入哈佛大学商学院，并在接下来的两年里结识了很多来自世界各地、各行各业的有想法和抱负的年轻人。世界在我面前渐渐展开。

我从商学院毕业的时候正好赶上技术大潮。出于对硅谷的好奇，我加入了硅谷如日中天的云计算公司 salesforce.com。国内的朋友可能不太了解 salesforce.com，我简单介绍一下。它是全球第一的客户关系管理软件公司，连续 6 年被《福布斯》评为全球最具创新力的企业，连续 5 年被《财富》评为全球最值得尊敬的企业，是全球增长最快的B2B（商对商）技术公司之一。当年申请salesforce.com的时候，人力资源经理牛气地跟我说："进我们公司比进哈佛还难。"

当年，一进公司，我就被震住了：salesforce.com的创新氛围特别活跃，每年都会推出几个重磅产品，引领市场走向；每个员工都热情高涨，像打了鸡血一样想把自己不断颠覆，做得更好；整个公司从上到下都非常重视客户服务，想方设法地帮助客户解决问题。加入salesforce.com最初的日子充实而兴奋，我努力地学习着，憧憬着在新行业里拼搏出属于我的远大前程。

迷途知返

好景不长。因为部门调整，很多业务需要重组，包括我的业务。在众多的可能性面前，我不知道该怎么选择，就漫不经心地选了一个看起来挺有意思的部门，心想应该没什么大差别，也就是换个新老板。

然而不久我就意识到我们两个人的工作思路和价值观差异非常大。一个议案出来，她的意见和我的评论常常南辕北辙，非常尴尬。对于她制定的发展方向我也是不敢苟同。更糟糕的是，我无法认同这个新部门的工作内容，我打心眼里觉得我们做的事情对公司、对客户的价值不大。

我尝试利用积攒多年的职场技巧来协调这些矛盾，可惜有些原则性的差异是很难弥补的。渐渐地，我开始变得无精打采，不再玩命工作，也学会了在会议中保持沉默或者说一些违心的话。我也想过做内部调动，毕竟我还是很喜欢salesforce.com这家公司的，不想离开。

但是，当时我正在申请绿卡，一想到换工作可能会影响申请绿卡的进程，就不敢动了，只得告诉自己再忍忍，等拿到绿卡，我就自由了。

现在回想起来，我压根就是不想面对现实，也不想为自己的未来负责，于是骗自己说“我没有选择”。于是，我在一份既不享受也不认同的工作中像鸵鸟一样埋头坚守了整整两年。结果，连老天也看不下去了。

有一天，老板一反常态地约我谈心，我心里隐隐有种不祥的预感。果然，没聊多久，她对我说，新来的大老板决定撤销我们部门，也就是说，我被解雇了。我有一个月的时间来找一份新工作。

当天晚上，我在阿顿的怀里大哭了一场。被解雇，我感觉非常失落。

哭过之后，我心中的失落随着泪水流走了，有一种如释重负的解脱，然后内心奇异地升起了希望。其实我很早就知道，那份工作并不适合我，但我像个嫁错了人的女人一样选择逃避，打死不肯提出离婚。老天帮我甩掉了一个我没勇气甩掉的包袱，也给了我一个重新开始的机会。我要好好把握！

第二天，我精神抖擞地出现在办公室里，开始马不停蹄地在公司内部找工作。我给自己定了一个目标：从今以后，只做自己喜欢、适合和认同的工作。根据以往的工作经历，我总结出了理想工作所需具备的全部要素。就按这个标准找！一个月后，我加入了新部门。

换工作至今已经三年多，我每天都微笑着上班，工作成了一件非常愉快和轻松的事情。更重要的是，我已经掌握了择业的秘诀，摆脱了盲目求职的状态，再也不会轻易陷入被动、痛苦的境地了。

如何在工作中如鱼得水

中国人吃苦耐劳，对工作很看重，很多人把一生绝大多数的心力都花在了工作上，但是有多少人享受自己的工作呢？又有多少人了解什么是适合自己的工作呢？大多数人最大的职场困惑是："我不喜欢我的工作，但是也不知道自己究竟要什么。"当我们不知道自己要什么的时候，就很容易依公司名气、职位头衔或者薪酬等外在因素来择业。外在因素虽然重要，但必须把是否真正适合自己考虑进去。

所以，要找到合适的工作，第一步就要了解什么是适合你的工作。在这一点上，主流的方法有以下两种。

第一，从一而终型。

这类方法追求的是一辈子把一件事做到极致，尤其适合那些从小就知道自己想做什么的人。年近 90 岁的股神巴菲特从小就对赚钱表现出了异乎寻常的热情，小学时就挨家挨户卖可乐和口香糖，赚钱，算账，直到成为身家 800 亿美元的富豪。

还有一类人特别适合这类方法，就是性格比较"钻"的人。他们最在乎的是把一件事做好，做到极致，但并不一定在乎是什么事。很多日本匠人都是这样，不是他们选择做什么事，而是这件事选择了他们（比如家族事业传到他们的手上，或者这是他们接触的第一份工作），然后他们就这样钻研一辈子。90 多岁的"寿司之神"小野二郎，终其一生都在追求极致的寿司体验，连在梦里都在制作寿司。有时候我会想，这位大师是不是只是因为年轻时碰上了做寿司这个职业，于是他就发挥匠人精神一直做了下去。如果他先接触的是做板凳呢？凭他的钻研劲儿，是不是会成为“板凳之神”呢？

“从一而终”式的择业思路优势很明显：十年如一日地做一件事情自然更可能把事情做好。但是，这种择业思路也有它的局限性。如果你既不是从小就“知天命”的幸运儿，又不具备“只要做到最好，做什么都无所谓”的性格，那一辈子从事一种职业对于很多人来说多少都会觉得无聊，甚至会产生“这真的是我想做的事情吗”的迷茫情绪，逐渐丧失热情和动力。

所以很多人其实更适合第二种择业思路，即多试试，再选择。

这个建议是我进入渣打银行不久后，一位高层对我说的。他说：“一稼，年轻的时候你就大胆试错，尝试各种不同的职业，甚至不同的行业，越不同越好。等你积累了一定广度的工作经验以后，再挑一个你最喜欢的职业专心致志地做下去。”

遵循这个建议，在接下来的10年里我从非洲走到了美国，从银行走进了硅谷，换国家，换行业，换职业，经历过的职业跨度远远超过了我最初的想象，也收获了很多，或成功，或失败，或精彩纷呈，或无聊透顶，但都是同样宝贵的工作经历。回头看看，我非常庆幸自己趁着年轻、机会成本低、没有家庭牵绊的时候，积累了相当丰富的阅历。

年轻时，不知道自己想要什么很正常。我们连自己是谁都还没搞清楚，怎么可能选择一份心仪的终身职业？这不是和初恋就找到终身伴侣的成功率一样低吗？所以，趁着年轻，多闯闯，做些不同的尝试是非常有价值的。当我们积累了一定的工作阅历之后，再选择一份适合的工作，发挥专注的力量，将这份工作做到最好。

也许有朋友会说："频繁跳槽的成本很高，我不敢。"这个我很理解，因为我也需要稳定性和安全感。其实，有很多低成本的方法可以帮我们积累工作阅历：在本职工作以外主动承担一些不同类型的项目和职务；很多大公司都有非常友好的内部轮岗，甚至出国工作的机遇；利用业余时间做志愿者，或者兼任非营利组织的管理工作；业余兼职……

四步找到核心工作价值

阅历是了解自己要什么的基础。但是要想充分挖掘阅历中包含的信息，还是需要方法的。以下的四步方法论可以挖掘出你的核心工作价值，彻底终结随波逐流的择业状态。

分析工作经历

把所有与工作相关的经历按照以下三点做分析：

- 我喜欢这份工作的哪些方面？
- 我不喜欢这份工作的哪些方面？
- 我为什么离开？

我在非洲渣打银行工作的时候写过一个叫"非洲日记"（Days in Africa）的小专栏，每个月发一篇文章和国内的同事分享我在非洲的所见所闻。以下是我当年分析这段经历时写下的：

工作经历	我喜欢这份工作的哪些方面？	我不喜欢这份工作的哪些方面？	我为什么离开？
写“非洲日记”小专栏	有意义：中国的同事有机会了解真实的非洲 成长性：责任感让我鼓足勇气不断走出自己的舒适区探索非洲 有趣：超好玩，我喜欢做这件事 自主权：写什么、怎么写由我做主	无	公司把我调离非洲

请注意：工作经历的数量和多样性将直接关系到最后分析结果的可靠性与有效性。当经历够多时，我们就有足够的数据能总结出共性特点。当经历多样化后，就能从不同角度整体把握我们对工作的偏好。所以请尽可能多地寻找更多和更不同的工作经历做分析。我当年做这个练习的时候分析了整整 12 个“工作经历”，包括全职、轮岗、兼职、实习、学生干部和项目活动等。

归纳核心工作价值

在分析完所有的工作经历以后，就要在结果中寻找共性，看哪些事情反反复复地影响着我们对工作的感受，无论好坏，而这些就是我们的核心工作价值。

比如，通过分析，我很快就发现有 6 项价值反复地出现在我对不同工作经历的反馈中，直接影响我的感受（排名不分先后）：

- 团队文化

- 社会价值
- 自主权
- 成长性
- 收入
- 工作和生活的平衡

这些就是我的核心工作价值。任何一份工作，无论看起来有多美，如果不具备这 6 项核心工作价值中的任何一项，我是很难做到如鱼得水的。

用核心工作价值来为以往的工作经历打分

按照这些核心工作价值为过往每一份工作经历的满意度打分（0~5 分，5 分为非常满意，0 分为非常不满意），然后计算每项工作经历的总分。

下表是我为两段过往工作经历的真实打分：

核心价值	工作A	工作B
团队文化	1	5
社会价值	3	4
自主权	2	5
成长性	1	5
收入	4	4
工作和生活的平衡	5	1
总分（满分 30 = 5 分 × 6 项核心价值）	16	24

“工作A”的总分只有16分，明显压制了我的好几项核心价值，所以，我当时的感受也是没精打采、非常憋屈。这就是导致我被解雇的那份工作。

“工作B”的总分为24分，满足了我绝大多数的核心价值，所以，我当时的感受是意气风发、干劲十足。这段经历唯一的低分项目是“工作和生活的平衡”（1分）。我当时只顾玩命工作，完全没有生活，所以身体渐渐撑不住了，这也是我最后离开这份工作的原因。

这个打分练习的意义在于它能帮助我们直观地看清：

- 核心工作价值直接影响我们对一份工作的感受，无论是好是坏。
- 如果一份工作满足几乎所有的核心价值，但有一项的得分很低，最后你很可能会因为这个原因做得很不舒服或者离职。所以，核心工作价值是享受工作的必要条件，缺一不可。

用核心价值为未来的机遇打分

这也是我们为什么要做这个练习的关键！我们可以用核心价值来衡量未来的一切机遇，“预测”我们会不会享受这份工作，做出最合适的选择。

举个例子，在找到了我的核心工作价值以后，我曾经毫不迟疑地拒绝过很多“看上去很好”的工作机遇。这些工作换作以前的我肯定会受宠若惊地当场接受：位高权重，薪水丰厚，发展空间很大……但是，这些职位的工作强度无一例外都非常大，经常要24×7连轴转，无法满足我对“工作和生活的平衡”的追求。我已经很清楚这一条对我来说是必不可少的核心价值，如果不满足，我的生命轮会很快停止转动。在知道自己要什么的情况下，放弃这样的工作也就容易多了。

同时，我也运用这个方法找到了现在的工作。我在面试时就根据核心价值全面了解了这份工作，试图预测我在这里的满意度。我和未来老板聊，和人力资源部聊，和部门同事聊，和兄弟部门的同事聊，我还跟未来的老板和同事上了一天班，来“体验生活”。我的预测结果是“这份工作和我的核心价值高度吻合”，于是我毫不迟疑地签约了。果然，这份工作完全符合我的预期。这之后的每一天，我都感到很充实，也很开心。人生第一次，我掌握了择业的主动权，再也不会随波逐流了。

现在，就请大家花一点时间完成这四步分析，挖掘出会让你如鱼得水的工作需要具备哪些核心工作价值。

优秀是一种习惯！全面打造职场选择权

知道自己要什么固然重要，但能否把握自己想要的归根到底还是取决于我们的选择权。而只有当我们足够优秀的时候，才有选择权。在很多人眼里，优秀的表现形式是高学历、好履历、体面的职位、银行存款、有车有房等。其实不是，这些只是优秀的部分表现形式，是结果，而不是优秀的核心。

那么，什么才是优秀？亚里士多德说：“优秀是一种习惯。”当我们养成这个习惯以后，优秀就会以职场选择权、学历、职位、收入、资历、知名度与社会认同等形式表现出来。

既然优秀只是一种习惯，那它其实是没有任何门槛的，人人都可以做到，可惜大多数人却做不到。所以，少数做到的人就犹如鹤立鸡群，可以轻松拥有职场选择权。

那么，优秀是由哪些习惯组成的呢？

说到做到，仅这一点就能战胜 90% 的人

我的部门曾经来过两个实习生——马克和格雷格。

马克是常春藤名校的学生，很聪明，学东西很快，比较乖巧，一开始我们都很看好他。但是，他有一个很致命的问题，就是靠不住。交给他的任务迟交少做是常态，有一大堆借口，他不觉得这是什么问题。渐渐地，没人给他重要的事做了。

格雷格乍一看很不起眼儿，说实话，比起马克，他不算聪明，所以一开始，我们都没怎么太在意他，只交给他一些简单的任务，但是他特别靠得住。交给他的事情，他会仔仔细细地记下所有的要求，询问需要注意的事项、什么时候要完成等。然后，哪怕加班加点他也会按时做完所有的工作，一样不落。我们对他越来越放心，也渐渐开始让他负责越来越大的项目，知道他一定会排除万难按时完成。他实习结束的时候，我们给他办了个送别派对，并且直接发了一封录用通知。

职场很像马拉松，快速起跑远没有稳定发挥重要。到最后谁能获得最多的机遇最关键的就是信任。培养信任其实很简单，只要坚持说到做到，别人就会越来越相信我们，也会愿意让我们担负越来越大的

职责。这也是我当年初出茅庐就被很多银行高层赏识，并且给我很多宝贵机遇的一个很重要的原因。我现在自己用人，第一个考核的就是“守信用”。一个不守信用的人，条件再优越，我也不敢用。而一个守信用的人，即使他的条件一般、资历尚浅，我也愿意尝试，因为我知道自己可以信任他。

说到做到听着容易，很多人却做不到。他们选择性地说到做到，以为迟到一会儿，忘记一项随口答应的承诺，偶尔偷工减料，比约定的时间晚一些完成任务都不是什么大事。殊不知，在别人心中，他们已经渐渐成为一个靠不住的人。对这样的人，当有重要任务时，你敢用吗？当然，有时候，说到的事情即使用尽了全力，也会因为一些客观原因而“做不到”，这也是情有可原的。遇到这种情况，处理的关键是尊重我们做出的承诺，马上和对方沟通，说明情况，调整期待值，商议解决方法，并做出新的承诺等。切忌玩消失，觉得这是一件小事不用沟通，或者约定时间过去很久再来道歉等。

只有当我们尊重自己的承诺，说到做到时，别人才会信任我们，也会为我们打开通向宝贵机遇的大门。

行动力是人与人之间最大的差距

前不久，一个读者给我来信，说“一稼，我总是回避见客户，怕被拒绝。我没有办法突破自己，这让我很被动，不知道您是否也有这样的经历，是怎么突破的”。这是简化版，原文很长，有很多关于心理斗争的描述。我给她的回复是，“想做就做，别花时间想太多没用的。如果失败了，就不断纠正，直到成功”。

能在现实世界中创造结果的只有行动，脑子里的想法再多也是白搭，就像你不可能用意念挪动一把椅子。优秀的人会把绝大部分精力花在采取行动上，并在实际行动中不断进步，直到完成目标。很多人却耗费了太多精力躲在自己的脑子里担惊受怕，患得患失。这些都是内耗，对实现目标没有半点用处。

莎士比亚说：“自我怀疑是叛徒。害怕尝试导致我们丢了本可以打赢的仗。”在所有的内耗中，害怕失败是最常见的一种，也是最大的行动力杀手。每当我对失败产生恐惧时，就会给自己讲鳄鱼的故事。

一只鳄鱼试图捕食一只在河边饮水的小鹿，结果在它发起攻击的那一刻，小鹿有所警觉地跑开了。这时，你觉得鳄鱼是会花三天时间闷闷地想“我真失败”或者“我不如别的鳄鱼”吗？

当然不会！鳄鱼下一秒就去找下一个猎物了。

当动物有了目标，采取行动以后，无非两个结果：实现目标或者没有实现目标。如果没有实现目标，动物会立刻采取下一个行动来试图实现目标。所以在动物世界，根本没有失败这回事，只有实现目标或者没有实现目标，而这两个结果都是不带任何情绪能量的。没有对失败的恐惧，也就没有任何内耗。

失败，其实只是人类独有的一个现象。当没有实现目标的时候，我们会自动添加一层不良认知——“我很失败”。这个不良认知包含强烈的自我否定，导致很多人产生自我怀疑，甚至一蹶不振。为了避免失败的打击，我们把结果看得比什么都重，做出一切努力来避免失败，比如小心翼翼地设定很低的目标，或者索性在“我不会成功的”的声音中迈不开步伐，不敢尝试。这实在太浪费时间和精力了！

那么，面对失败的正确姿势是什么？

首先，就是认清这个世界上根本没有失败这回事，只有目标没有实现。目标没有实现怎么办？不断改进，继续尝试就行了。

其次，谢丽尔·桑德伯格说：“当你无所畏惧，不怕失败，你会怎么做？”这个问题会自动消除我们脑中的内耗，将注意力瞬间转移到怎么做上。

当我们学会正确地面对所谓的失败，就能减少大量内耗，将能量集中在具体行动上，并最终取得成就。

强者思维：有空做事，没空抱怨

我 24 岁那年被渣打银行派到肯尼亚考察东非的业务。当时的我年轻、没经验、没资历、没人脉，怎么看也不像能做出什么业绩的人。所以我的直属老板——东非的销售总监马克，一开始并不把我当回事。第一次见面，他和我礼貌地寒暄了 5 分钟以后，就顾不上我了。

可谓出师不利。不过，我可没空为这些不利因素伤心，因为我已经看到了有很多事情可做。不到三天时间，我就跑遍银行的前台、中台、后台，到处做自我介绍，顺便聆听大家的经验和痛点。非洲的同事们都对我这个来自中国的笑眯眯的小姑娘很好奇，有问必答。很快，我就大概了解了银行内部对东非业务的意见。

接下来，我请国内的熟人帮忙介绍了一些大型国企驻内罗毕的员工，并一个个上门拜访。内罗毕的华人本来就不多，大家都特别友好，能帮忙就帮忙。很多人坦诚地分享了他们的痛点，比如最需要银行帮助的地方、现在用的是哪家银行、有什么好的和不好的体验等。很快，我就积累了大量客户信息和竞争对手信息。

就这样，我白天做采访，晚上分析数据，做研究。两周后，我做了一份初步报告，提交给马克。因为说话太多，过度疲劳，我的嗓子已经全哑了。当我努力地扯着公鸭嗓，试图和马克分享我的进展时，马克震惊了，也被感动了。他看到了这份稚嫩的商业报告背后的努力和付出。接下来，马克开始亲自指导这个项目，给了我很多宝贵的意见，并授意我跟着销售去见客户，听客户反馈，做客服等，进一步积攒了大量宝贵的客户信息。

在离开肯尼亚之前，我做了一份周密务实的业务拓展计划并交给了马克。这份计划最后被马克递交给了渣打银行中国区和非洲区董事会，受到了高层们的一致肯定，也为我赢得了首席执行官奖（CEO Award）。

在面临巨大的挑战时，有的人只看到重重障碍，有的人却能透过重重障碍看到一条条小路，并把全部精力放在探索这些路上。不抱怨，不找借口，想尽办法，寻找资源，不断尝试，直到走出一条光明大道。有这样习惯的人，无论面临哪种挑战，看到的都是希望和道路，也总会找到解决方法。路就是这样越走越宽，也越走越通畅的。

附录

读者问答

读者：一稼，我明白了，守信用、行动力强和钻研就是实现优秀的三大习惯。那为什么很多成功学都会提到兴趣呢？

一稼：所谓习惯就是不需要任何理由就会自动执行，所以优秀的人不需要对一件事情产生兴趣才会说到做到、行动力强和钻研。这是他们对待所有事情的习惯。你可以交给他们很多事情，比如遛狗、扫地、倒咖啡、整理资料、拓展市场、管理企业、创业等，他们都会用这个习惯来对待。也就是说，你可以无条件地信任这个人，而不用担心他会因为不喜欢做这件事而把事情搞砸。所以，兴趣并不是优秀的必要条件。即使没有兴趣，我们依然可以在很多领域做到很优秀。

当然，如果我们有兴趣，就会做得更轻松、更带劲，如虎添翼。在第五章中，我们会进一步讨论如何找到使命，在优秀这个习惯的基础上，在我们最有兴趣的领域做出贡献。

读者：一稼，我不喜欢现在的行业，想转行。我注意到你从商学院毕业之后，从银行业转行进入高科技行业。可以分享一下你的转行经验吗？

一稼：我回答这个问题的前提是相信你进行了充足的自我反省，用“核心工作价值”方法论确定这个行业的确不适合你，而不是借转行回避自身的问题。或者，你还处于“多试试”的阶段，想多经历一点儿，也愿意承担转行的后果。如果你符合其中任一条，请继续听我说。

很多人可能觉得哈佛MBA转行应该很容易，其实不是。硅谷人才济济，竞争激烈，典型的英雄不问出处，根本不在乎象征着传统精英文化的MBA，有些人甚至会觉得我们格格不入，所以我在面试时并没有什么优势。转行本身就不容易，更何况我之前没有在美国工作的经验，就更是难上加难了。

从商学院毕业以后，我花了三个月找工作，从波士顿往旧金山飞了三次，才拿到salesforce.com的宝贵录用通知。接下来就和大家分享一下我的经验、教训，与想转行的朋友共勉。

做足准备，把整个行业研究个底朝天

我曾经是个“技术盲”。当年为了转入高科技行业，我是从零开始，把对行业的认知一点一点补上的。

我的信息来源一大部分是网上的公开信息。我的原则是：不能浪费别人的时间来告诉我公开信息，所以，每次面试或者面谈之前，我都尽可能地把能找到的所有公司、竞争对手，以及行业信息都看一遍。这样在谈的时候，我能更深入点儿，也是对对方时间的尊重。

我的另一大信息来源是与行业内人士聊天。作为一个初来乍到的外国人，哈佛校友录是我最主要的人脉资源。通过校友录，我发

邮件约在高科技行业工作的校友聊天。刚开始，我的邀请信不是很吸引人，所以回复率偏低。改了上百遍以后，这份邀请信越来越简洁明了，回复率也上升到了 70%，每天都能约到一两个校友。

说实话，这样搜集信息的工作量是很大的。尤其是一开始的时候，我每天工作超过 12 个小时还总是觉得看不完。但是没办法，有多少时间就做多少事情吧，看不完也只能看不完了。不过，信息的好处就是可以积少成多。在恶补 45 天后，我发现准备工作开始变得轻松了，因为我已经掌握了很多基本信息，再添砖加瓦就容易多了。有时候，我甚至发现我对于行业和公司的动向比身在其中的人还清楚，因为我每天都在阅读大量的相关信息。

要转行，有诚意很重要，而口说无凭，诚意是要通过实际行动证明的。更重要的是，会做充分准备的人往往都有一股钻研精神。这一点，很多招聘经理是非常看重的。如果连面试都不做足功课，你怎么指望他以后在工作时会做足功课呢？

下重拳，给人家一个招你的理由

入职以后，我收到过很多想申请 salesforce.com 的朋友的来信，请我聊聊申请方法。我会很诚实地告诉他们，salesforce.com 的每一个职位的竞争都很激烈，要想脱颖而出，仅“够格”是不够的，一定要下重拳，给对方一个招你的理由。

当年，为了了解 salesforce.com，我特地飞往旧金山住了一周，就是为了参加公司的年度 Dreamforce 客户大会。从早到晚，我浸泡在Dreamforce的海洋里尽情地吸收它的养分：参加各大产品宣讲会，和产品经理聊产品理念，到合作公司展台前了解它们的产品，和路上碰到的salesforce.com客户聊他们的使用反馈等。

后来，当我面试salesforce.com的时候，我就有很多故事可以证明我对salesforce.com非常了解，绝对有诚意。比如，“我很喜欢你们今年的新产品，帮助客户解决了一个很大的难题”“我很欣赏你们极富创新力、勇于自我颠覆的文化”“我很赞同你们从产品走向平台的发展方向等”。这些具体见解帮助我在一大堆泛泛而谈的应聘者中脱颖而出，让面试官有眼前一亮的感觉，觉得“这个姑娘很不一样，很用心，诚意十足，也很有想法。虽然她没有经验，但我很欣赏她的钻研劲儿和热情，那就给她一个机会试试吧”。

要转行的人，在经验和资历上往往处于劣势。唯一的机会就是我们比其他人都更用功，做足功课，力求做到与众不同，下重拳，给别人一个招我们的理由。

被拒是正常的，我只需要一个认可

我有个商学院的朋友，毕业以后创立了一家公司。虽然每次融资都被投资人批评得体无完肤，但是她很淡定，“我不需要人人都欣赏我，我只要一个认可就够了”。

融资不易，转行也不易。大多数招聘经理还是喜欢招有经验的人，所以被拒是家常便饭，请做好心理准备，但是我们也只要一个认可就够了。

我从商学院毕业之后找工作的时候，因为是转行、转国家、转职位、跨度非常大，所以大多数招聘经理不敢轻易地给我机会。我被拒了不下上百次，包括投简历没下文的、面试后没音信的，最心痛的是信心满满地闯到最后一轮面试，最后还是被拒绝。

会失落、失望吗？当然会！尤其是被那些特别心仪、精心准备的公司拒绝时，真的很难受。不过，失落只是暂时的，我很快就能调整心态，重整旗鼓，而支撑我的有两个信念。

第一，我不可能一辈子没工作，既然如此，又何必在乎多找几个月工作呢？有这样的愿景以后，眼前的很多磕磕绊绊就没什么大不了。

第二，我每天都在进步，所以我相信我最终一定会足够好。刚开始，无论是专业知识，还是言谈举止，我都像个局外人，所以被拒是正常的，我也不会招我自己！两个月后，一切都明显好转了：知识面广了，面试技巧也娴熟了。我意识到，火候快到了。果然，几周后，我一连拿了几个录用通知，包括我最心仪的salesforce.com。

虽然大多数招聘经理都倾向招有经验的人，因为风险比较低，但是归根到底，他们要的是人才。当我们足够优秀时，就会有有远见的招聘经理愿意“舍经验，而择人才”，给我们一个机会。

把自己做到最好，然后积极寻找那个愿意给你机会的伯乐吧，你只需要一个认可。

读者：一稼，我想申请MBA，有什么申请小贴士吗？

一稼：在讨论MBA申请策略之前，我们先要明确你的职业目标是什么，以及MBA是不是实现这个目标的最佳途径。

不同于一般理论性更强的硕士学位，MBA的目的是培养管理人才，招收的学员一般也有几年工作经验。学生报考的主要目的是全面提升管理能力、建立人脉、转行等，而学生毕业以后的工作很多都侧重管理类工作（市场部、战略部等），进入金融行业或咨询行业，也可能自己创业。

我有个朋友，铁了心要申请MBA，但是再仔细一问，却发现她是想从程序员转型成为数据分析员，这和商学院的培养目标大相径庭，而实现她的目标也有更好的方法。所以，在决定申请之前，请大家慎重思考一下读MBA是不是实现你的职业目标的最佳途径。

关于MBA申请策略，千人千面，不同背景需要不同的申请策略。在这里我总结了几个有共性的小贴士供大家参考。

既然都申请了，为什么不申请你最想去的

我常听正在备战MBA的朋友说："我最想上的是某某商学院，但是我觉得我不够格，还是算了吧。"这时，我会说："既然你都申请了，为什么不申请你最想去的？你以为哈佛大学商学院的每一个校友申请的时候都是觉得'进哈佛，我绝对没问题'吗？你觉得我当年觉得自己够格进哈佛吗？"

当然不是！

我有一个朋友，第一轮申请的所有学校都拒绝了她。第二轮申请，她差一点儿想放弃哈佛，因为觉得没戏。还好她申请了，因为她的整个申请季唯一的录取通知就是哈佛给的。

大家一定要给自己一次机会。你不申请，肯定进不了；你申请了，万一进了呢？

申请学校的层次可以拉得开一点儿

我有个朋友特别执着，“我只想去这两所学校，所以我只申请这两所学校”。结果连续申请几年都没被录取，后来就没读成商学院。

我的策略是反的。我申请了 5 所学校，我非常喜欢其中的 3 所，有一所排名稍微靠后的学校来拉开一点儿层次，有一所排名更靠后一点儿的学校来“保底”。整个战线的宽度很大，从第一名到十几名的学校都有。

为什么这么做？

首先，当然是因为我真的不挑剔。对我来说，“读MBA”比“读哪所学校”更重要，再加上美国商学院的整体质量都很高，所以这 5 所学校中哪一所要我，我都乐意去读。

其次，多申请几所就多些机会磨炼。写申请书、做面试都需要一个磨炼的过程。我的策略是从排名最后的学校做起，等做到哈佛的时候，我的申请书已经反复打磨了几百遍，面试也已经驾轻就熟了，所以胸有成竹。

最后，心要淡定。眼睛只盯着一所学校的感觉还是很紧张的，所有鸡蛋都在一个篮子里，砸了就全砸了。多申请几所学校，分散一点儿注意力，心会更放松。

所以，即使你真是非某某学校不去，我还是建议多申请几所，多给自己一点儿磨炼的机会，为成功申请你心仪的学校做好准备。

找申请主题类似的学校申请

也许有人会说，我之所以只申请一两所学校，是因为写申请书很费劲，我要集中精力为我最心仪的学校做准备。这个说法，我完全理解。如果你申请的每所学校的申请书主题都很不同，那的确很累。

我的对策是，尽可能地找申请书主题类似的学校申请。很多学校的申请书主题都很相近，所以一份材料只需稍加修改就可以申请好几所不同的学校。协同优势不仅省力，而且更容易通过多轮打磨做出好材料。我的战绩是：5 所学校拿了 4 个录取通知。

好的申请咨询师助你一臂之力

不同的人需要不同的MBA申请策略，好的咨询师可以帮我们制定最有效的申请策略，省得我们自己瞎琢磨。

我当年在和近百个商学院的毕业生聊过以后，还是觉得自己的申请策略不清晰。于是我决定找咨询师试试看，然后就无意间看到了一则“只申请美国顶尖MBA”的咨询公司广告（吸引力法则）。抱着试试看的心态，我约咨询师聊了一下。那位大哥一拿到我的简历，就从择校、申请策略到推荐人选择讲得头头是道。跟他聊的几小时完全胜过我自己到处找MBA毕业生聊的几个月。因为MBA毕业生的经验谈往往只适用于他们自己，如果你的背景和他们很不同，那么他们的经验对你不一定最有用。而咨询师看过无数案例，所以会从全局的角度来看申请。后来，我的申请结果证明了这位咨询师的策略非常奏效，帮我少走了很多弯路。可惜这位大哥后来转行不干了，不然我会把他介绍给大家。

当然，每一行都是鱼龙混杂的，不是每个咨询师都是懂行的，也不是每个人都真正关心你的未来。有的咨询师只知道一些程序性的步骤，对申请策略也没什么特别的见解，帮不了你太多。还有的咨询师为了保证他们的成功率，推荐学校的时候特别保守。他只管帮你进商学院，根本不管你是不是进了你能力范围内最好的商学院，所以还是要靠你自己的慧眼进行选择。

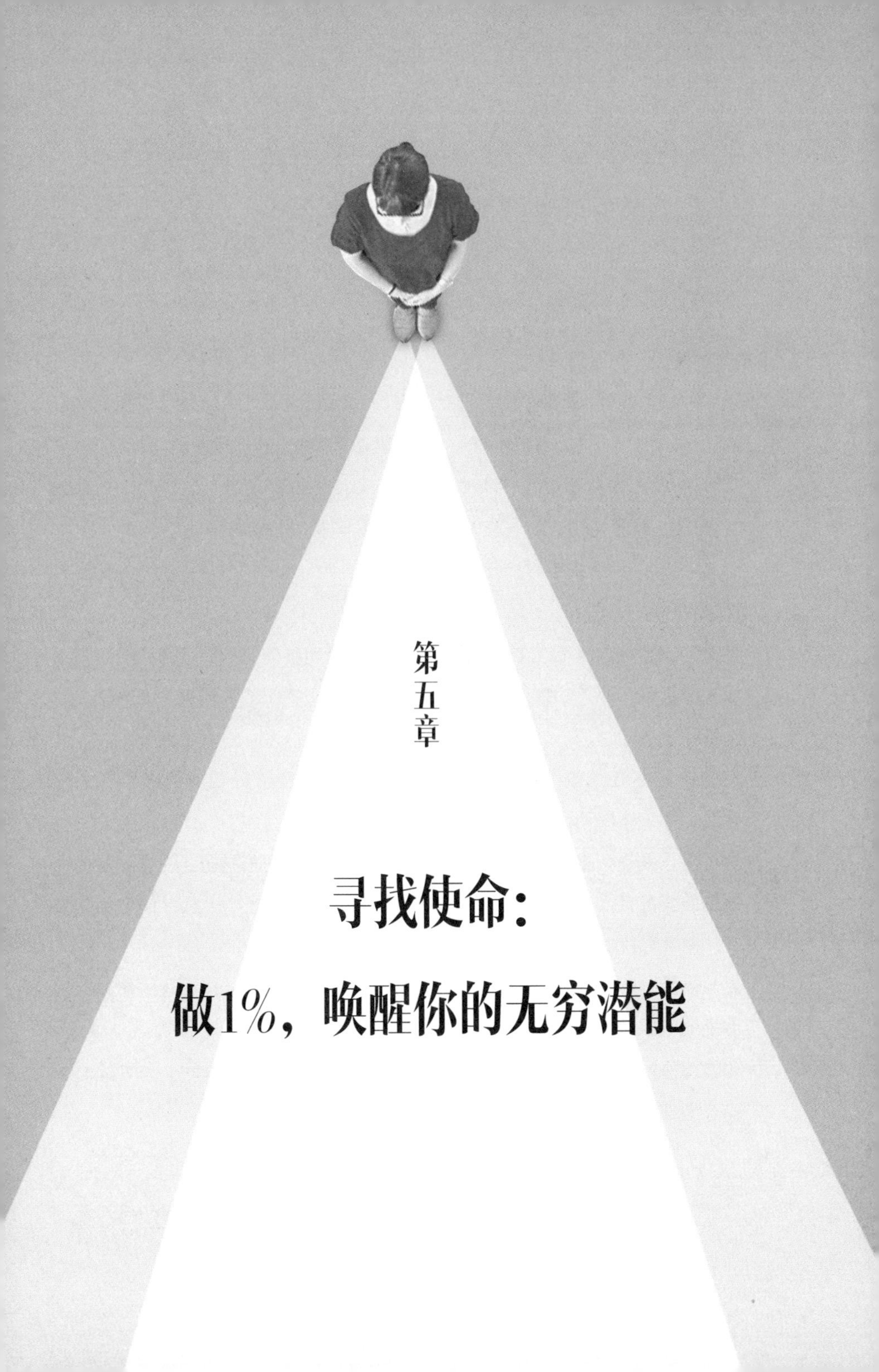

第五章

寻找使命：做1%，唤醒你的无穷潜能

本章导读

使命的核心问题是“你为什么存在”。找到这个“为什么”，我们就打开了一扇通向另一种人生的大门。使命就像黑夜里的一盏明灯，会给你一个方向，帮助你将全部资源拧成一股绳，向着终极目标前进。这样的人生是强大、充实、有意义的。对一些人来说，这是一种终极的人生状态。

本章要点

- 使命的立足点永远不是个人得失，而是一个特定群体的利益。当我们心中不仅关心自己，还关心我们切实想帮助的群体时，我们就是强大、充满动力、充实和幸福的。
- 使命不分高低贵贱。无论你想帮助的群体有多小，只要找到那个“为什么”，你一样是无比强大的。
- 对很多人来说，使命隐藏得比较深，需要一定的时间来挖掘。注意那些能轻易激发你的能量、注意力、行动力以及感动你的经历，认真寻找它们的共性，由此寻找使命的蛛丝马迹。
- 找到使命以后就要开始实践。实践不仅可以验证使命，还可以让使命越来越清晰地呈现全貌。
- 和实现任何远大目标一样，要想实现使命，我们需要不断学习，培养能力，克服困难，才能切实帮助我们想帮助的群体。

从随波逐流到动力十足，使命的震撼力

饥不择食

30 岁之前，我根本没有听说过“使命”这个词，也没什么人生目标。自己没有目标就只好去看别人在做什么，所以这个阶段，我努力而盲目地做着很多别人觉得好的事情。

其实没目标也有好处，走到哪儿算哪儿。我急切地想多了解这个世界，就像一个嗷嗷待哺的孩子，饥不择食。在这个过程中，我看到了这个世界有很多不同面，看到了不同的自己，这些跨度丰富的经历极大地满足了我对世界的好奇，也增进了对自己的了解。就这样，我盲目而快乐地积累了一些阅历。

迷茫而挣扎

在吃了很多别人介绍的“好菜”，并填满了最初的“饥饿感”以

后，我开始重新审视摆在我面前的“菜”。我开始隐隐约约地觉得，这些并不是我内心真正想要的。我想找到真正喜欢吃的“菜”，而不是别人给我吃什么就吃什么。

有很多年，我都处于那种“知道自己不要什么，但是不知道自己要什么”的状态。我做过很多尝试，做志愿者、换工作、换行业、换城市、换国家等，到最后却发现这些都不是我灵魂深处真正渴望的。这种状态持续了很久，并且一度困扰着我。我常常无精打采，做什么都没热情，甚至有点儿烦躁。

有时候，我会怀疑自己是不是太挑剔了，太理想主义了。很多人没什么使命却活得很开心，我又何必这么执着？于是，我试图自我麻痹和逃避，告诉自己：“我的生活已经很不错了，要求不要太高，知足常乐。”但我的灵魂开始渐渐觉醒，并积累了大量的能量，渴望突破，自我麻痹和逃避已经不能阻止觉醒的步伐。后来我上了很多成长课程才知道，有的人骨子里需要成长和做贡献。对他们来说，这是非常重要的基本需要，无法逃避和压抑。

有力的觉醒

我真正下定决心寻找使命其实是在遇到阿顿以后。当时，阿顿在一家对冲基金公司工作，还没创办自己的基金公司，除了上班，他是这样安排业余时间的：

- 周一到周四晚：健身，吃饭，研究股票直到睡觉。

- 周五晚：和我约会。
- 周六：白天研究股票，晚上和我约会或者参加聚会。
- 周日全天：研究股票。

是的，他把几乎全部的业余时间都自发地用在了投资研究上，乐此不疲。

而当时的我正处于一个迷茫而无精打采的状态，每天下班以后都无事可做。我希望他多花些时间陪我，一起吃饭、看电影、聊天或者出去玩。他却沉浸在投资世界中，争分夺秒地工作，只给我留了很少的时间。我们对业余时间的安排差距让我非常不满。为这件事，我没少跟他抱怨。我觉得他不关心我、不爱我，这哪儿像是谈恋爱啊？拉锯战持续了大半年，我也没能成功地把他从心爱的投资世界中拉出来。渐渐地，我冷静了下来，开始观察他。

我以前在银行工作，又是商学院毕业生，因此认识很多做投资的朋友 ，但是，很少有人像阿顿这样为了投资废寝忘食。有多少人会觉得做投资方案比看电影、听音乐或吃大餐更有趣？后来，我在看巴菲特的传记片时发现股神就是这个状态：把投资当使命。我才明白，他是真心热爱投资，所以对他来说做这些事是最幸福也是最满足的。

这不就是我一直在寻觅的状态吗？

当我看清这一点的时候，内心充满感动和希望。既然我身边就有人可以找到自己的使命，那么我一定也可以！从此以后，我不再缠着阿顿陪我玩儿，不再抱怨他忙于工作没时间陪我，而是再次开始寻找我的使命。这一次，我信心十足、充满希望，因为我身边就有一个好榜样，他让我相信，我的目标是可能实现的。

玩命地寻找

觉醒以后，接下来我面对的问题就是："怎么寻找使命？"当时的我毫无头绪，只能乱打乱撞，做过很多有用或没用的尝试，比如自己做总结、咨询专家、咨询朋友、询问长辈等。只要有一线希望，我都愿意试试。整个寻找使命的过程非常零散，没有任何系统性和规划性，但是我坚定地相信，我会找到的。渐渐地，我想起了一件事情。

我在渣打银行非洲分部工作时，曾写过一个专栏叫"非洲日记"，就是把我在非洲的所见所闻及心得体会分享给国内的同事。虽然只是每月更新的小栏目，但是我在非洲的每一天因此更加丰富多彩。为了帮助国内的同事更好地了解非洲的风土人情，我不断地走出自己的舒适区，做了很多我平时不会做的事情。

- 为了把更多的风土人情带给国内的同事，从没有单独旅行过的我壮着胆子一个人去了莫桑比克。第一天，我是在酒店度过的，大门也不敢出。但是为了写稿子，第二天，我硬着头皮出门游览了几个比较近的景点。再后来，我越玩儿胆子越大，终于彻底放开了。
- 性格内向的我破天荒地接受了同事的邀请，参加她的家庭聚会。同事是在南非长大的印度人，这也是我第一次见识到印度人其乐融融的大家庭聚会。我还很吃惊地看到她读高中的女儿带着男友来参加聚会，毫不扭捏，她女儿的小男友也和长辈们混得很熟。这在当时的我看来是完全不可想象的。

- 约翰内斯堡有个贫民窟——索维托，住着100多万人，绝大多数是黑人。这个地方极其危险，犯罪率很高，大多数人都不愿前往。为了深入了解索维托，我请一个在那里长大的当地人带我去看看。那天，我看到了索维托的另一面。很多黑人小孩赤着脚在路上欢乐地玩耍，好奇地看着我。他们的生活条件很艰苦，一间破平房里住着老老小小七八口人。一大家子人只能靠一个女儿在城里做女佣或者儿子给富人做保安生活，其他人都是无业游民。出生在这里的孩子，要上大学、找份白领工作真的很难。

当时，我每个月的专栏发回中国以后，都会收到很多同事的来信，表示他们以前对非洲的误解颇多，感谢我打开了他们的眼界。每次看到这些来信，我总觉得很开心，觉得自己做了一件有意义的事，丰富了别人的生活。我也很喜欢那个充满勇气和责任感的自己，喜欢那种为了帮助更多的人不断超越自己的感觉。我想，也许这就是使命的感觉。感觉终于有点儿对头了！

付诸实践

谢丽尔·桑德伯格说脸谱网的信条就是“完成比完美重要”。任何东西停留在概念层面都没什么意义，只有付诸行动才是有价值的。于是，我琢磨着做点儿事情，验证一下这个方向是不是我的使命。有一天，我灵光一闪，“要不就把我这么多年来自我成长的心得体会写成一篇文章分享给身边的朋友吧”。于是10年没写过中文文章的我写下了那篇《30岁，我遇见了自己》。让我始料不及的是这篇文章发表以后就炸锅了，连续好几周被疯狂转载。很多失联多年的朋友看了这篇文章以后找到了我，还有许多新朋友大段大段地和我分享他们的经历，以及这篇文章对他们的启发。那几周，我常常处于一种热泪盈眶的状态，为找回失联多年的老朋友，为认识这么多新朋友，为大家心与心的交流。

我当时就知道我找对了方向。于是，在接下来的几年里，从写公众号文章、做讲座到写书，一切都是心给我指出的方向。

不断升华

我知道自己前进的方向是正确的，但是，这还远远不是一个清晰明确的使命。

有一次，我参加一个心灵课程。课上，老师问了我们一个问题：“你最想帮助的一群人是谁？”在老师的引导下，学生们渐渐敞开了心扉，看到了自己内心深处最想帮助的人。每个学生的答案都有所不同。

- 有的人看到他们最想帮助的是自己的孩子。于是他们决定好好做人，努力工作挣钱，为孩子树立一个好榜样。

- 有个从小就是孤儿的学生看到她最想帮助的是孤儿。一年后，她成立了一个援助孤儿基金会，我经常在脸谱网上看到她发布的活动启事。
- 有个学生看到她最在乎的是环境保护。几个月后，她开着一辆小卡车开始一站一站地清理加州的河流。

那么，我最想帮助的一群人是谁呢？

我的答案是你们——每一个勇于追求更美好人生的朋友。我看到你们每个人都有一个欢乐滚动的生命轮，过着健康、幸福、有意义的生活。这是我第一次清楚地看到自己的使命。从此以后，我就像一个盲人重见天日一样，感觉无比清晰和强大。

在这之前，我想过写一本书，但是我不清楚自己究竟为什么要写这本书、为谁而写、要达到什么效果等，所以这个计划一直都被搁置着。目标不清的后果就是动力不足。在看到我的使命以后，我就像一辆被加满油的跑车，迫不及待地要上路，再也没有出现过动力不足的情况。我利用一切业余时间奋笔疾书：下班以后，周末，在休假旅行中我也常常放弃游览景点和活动，独自留在酒店写作。虽然写书的过程比我预想的要困难和漫长很多（我前后推翻重写过几十遍，总计写了上百万字的稿子，历时近三年），但是我的内心是幸福强大的，没有挫败感，没有疲劳，也没有焦虑。清晰的使命感调动了我的全部能量，无视一切障碍，坚定地朝远方的目标一步一步地走去。

有使命感的人是什么样的

百度百科词条是这样定义“使命”的:“一个人对自我天生属性的寻找与实现。”使命是发自我们的灵魂但又远高于我们个人的，是指向外界的，永远有清晰的服务群体。比如，马丁·路德·金的使命是“解放黑人，消灭种族主义”；谢丽尔·桑德伯格的使命是“释放女性能量”；扎克伯格的使命是“连接每一个人”。这些使命对这些人的意义非常重大，是他们发自灵魂的渴望，但立足点完全不是个人的得失，而是一个特定群体的利益。

有使命感的人是清醒的、充满责任感的。扎克伯格在2017年哈佛大学毕业典礼上的演讲主题就是“创造一个人人都拥有使命感的世界”。他在演讲中说，脸谱网大获成功后，很多公司都想要收购它，而他身边几乎所有的人都想让他把公司卖了，但是他拒绝了，因为他想知道自己能否连接更多的人。如果能做到，那么他可能会改变整个人类认知世界的方式。对当年只有22岁的他来说，不卖脸谱网这个决定异常艰难。而他之所以能在所有人，包括他自己的理智都在怀疑自己是不是太任性的时候力排众议，坚定地做自己想做的事，就是因为他有使命感，能看到一个其他人看不到的未来，这才有了今天的脸谱网。

近年来，我收到过很多非常有诱惑力的职位邀请，最后都被我婉拒了。其中一个主要原因是这些看起来很美好的职位并不符合我的使命，而且接受这些工作强度极大的职位也意味着我连实践使命的业余时间也没有了。这不是我想要的。

在使命的指引下，我们会很清楚自己要什么，也就更容易知道自己不要什么。在这种情况下，取舍就不难了。

同时，有使命感的人也是无比强大、充满动力的。TED最受欢迎的演讲之一是《伟大的领导者是如何激励行动的》（How Great Leaders Inspire Action）。在演讲中，美国演说家西蒙·斯涅克指出，普通的领导者关注技术层面的"怎么做"，而伟大的领导者却直指核心——"我们为什么要做这件事"，并由此激发出最强的能量。

使命就是解答"为什么要做这件事"。

我以前一直很好奇，很多伟人是如何做到将个人得失甚至生命安危置之度外、鞠躬尽瘁的。后来我明白了，这是因为他们心中有清晰的使命，有一个远远高于他们个人的"为什么"。所以，他们在做决定的时候关注的不是自身利益，而是那个远大的目标。

当我们斤斤计较个人得失的时候，我们是渺小、目光短浅、能量微弱的。而当我们清楚地意识到自己所做的事情的意义以及对别人的影响后，我们会放下自己，调动全部潜能向着目标走去，这时候的我们是光芒四射的。

我参加过一个心灵课程，那位导师认真负责、经验丰富、能量巨大。在她的悉心指点下，短短几天我们很多人都实现了重大突破。但是我注意到她有一个问题，就是常常记不住学生的名字，重复多少遍也记不住，所以一次次地向我们道歉，非常奇怪。于是，在课程结束以后，当其他同学都在热情拥抱、相互道别的时候，我悄悄地询问她这是怎么回事。她微笑着告诉我说，其实她的脑子里有一个恶性肿瘤，压迫着记忆神经，所以常常记不清学生的名字。后来，我从其他工作人员那里得知，按照医嘱，她应该退休，在家里调养身体，但是她不愿虚度余生，想帮助更多的人活得更强大，所以一直坚持上课。每天深夜下课后，当其他人都精疲力竭地歇息之后，她还要不断温习学生名单，争取多记住几个人。

当我们找到了自己的使命，了解了那个“为什么”时，我们就不会计较个人得失，而会调集全部潜能向着目标冲刺！这就是使命的能量。

如何寻找使命

马克思和恩格斯说：“作为确定的人，现实的人，你就有规定，就有使命，就有任务，至于你是否意识到这一点，那都是无所谓的。”有些人很小就有使命感：周恩来少年时期就抱有“为中华之崛起而读书”的远大志向；牛顿 7 岁时就立志要解开自然之谜；桥梁专家茅以升 11 岁就想造一座结实的桥。不过，这样从小就有使命感的人只是凤毛麟角，绝大多数人在成年以后对什么是使命依然毫无头绪，比如我。

找到使命的关键是找到我们的“为什么”，也就是找到我们在这世上走一遭最想做出贡献的领域，或者说最想帮助的一个群体。这个群体小可到家人，大可到整个世界，没有高低，没有贵贱。

如何找到我们最想做出贡献的领域以及最想帮助的群体？答案其实就在我们的心灵深处。以下这些问题能帮助大家建立和心灵的对话，更快更好地找到使命。

这个世界有很多事情可以做，你最想帮助哪些人

这个世界上有很多有意义的事情可以做，比如维护女性权益、保护小动物、减少废气排放、防止全球变暖、禁止乱砍滥伐、安置孤寡老人、改善医疗系统、缩小贫富差距、让山区的孩子受教育、解救被拐卖儿童等。这些事情都很有意义，也都很重要。但是对你来说，你最想帮助哪些人呢？

对于有些人来说，这个问题的答案是比较清晰的。

我那位创建了孤儿基金会的朋友，因为她自己小时候是孤儿，曾经和弟弟一起在 5 年里被 18 个家庭收养，没有稳定的环境，没有合身的衣服，没有稳定的指导，非常自卑，极度缺乏安全感。她不希望其他孤儿有这样痛苦的经历，所以，她想要改变孤儿的成长环境。

我还有个朋友，在做了多次自我反省以后告诉我，他不想改变世界，只想拼全力保护自己的父母、老婆和孩子。让父母可以享有良好的医疗保障，让孩子接受好的教育，让老婆不用为钱操心，这是他拼命挣钱和努力生活的动力源泉。

使命不分高低贵贱，无论是保护家人、帮助孤儿，还是改变世界。当你找到那个“为什么”时，便会感受到一种责任感、重要性，以及源源不断的能量。

对于另一些人来说，这个问题的答案可能并不明显。没关系，接下来，还有很多其他思考角度可以慢慢挖掘你心中的答案。

什么事让你废寝忘食

有一次，我和闺密参加一个聚会。闺密刚从上海飞到旧金山，因为时差，她已经非常疲劳了，整个晚上话都不多，聚会到一半的时候她都快睡着了。但是，当有人开始讨论动物保护的时候，我看到她昏昏欲睡的眼睛瞬间睁开了，目露亮光，精神抖擞地加入讨论，再也看不见困意！

如果有一些事情能让你废寝忘食，忽略吃饭、睡觉这些基本生理需求，那么这些事情就蕴含着调动你的能量，乃至激发你的潜能的要素。这些要素不外乎两大类：

第一，这件事情涉及的领域或群体对你非常重要，很可能和你的使命直接相关，比如动物保护，这就非常清晰了。

第二，这件事本身可能无足轻重，但是这个过程具备了一些激发你的潜能的特质。举个例子，《纽约时报》的畅销书作家马克·曼森在年轻时沉溺于打游戏，无法自拔。后来他意识到，真正让他沉溺的不是游戏内容本身，而是那种不断战胜自我的感觉。在认清了“自我进步”是他的原动力以后，他进入自我成长行业，开始写书和写博客。2016年，他的博客网站markmanson.net每月的访问量已达到200万。

想一想，哪些事情曾让你废寝忘食？最关键的是，这些事有什么共性要素让你进入这样的状态？是事情本身？还是过程中具备的一些特质？

你在做什么事情的时候最让自己感动

乍一看，这个问题和之前的问题有一点儿类似，但还是有一些不同。首先，这件事情可能持续了几分钟、几十分钟、几小时，所以还没到废寝忘食的地步。其次，做这件事的时候，你不仅仅感到忘我，还有感动的成分，有的人甚至会热泪盈眶。

感动是发自灵魂的，只有当我们在做一件发自灵魂深处的事时，才会超越满足，超越忘我，达到感动的境界。使命也是发自灵魂深处的，所以即使这件事不是使命本身，也很可能是和使命沾边的。我们可以通过观察这样的事情具备什么特质来顺藤摸瓜，找到使命。

我有个朋友特别爱吃，但她有一个与众不同的技能：她能通过食物品尝到厨师的用心和想表达的意境。所以，和家人、朋友出去吃饭的时候，她常常会主动充当“解说员”，给大家解释这道菜的意境。在做这件事的时候，她特别沉醉，像进入另一个世界一般。当她的朋友们真正感受到这些美食的精髓时，她的内心会有一种充盈而感动的感觉，觉得自己帮助大家领悟到了美食的真谛，体会到了好厨师的良苦用心。

我还有个做纪录片的姐妹，她去过很多地方做节目，但让她印象最深刻的是大地震后的汶川。当时，她第一时间赶到现场做报道。本来拍完素材她可以走了，但是看着这么多受难的人，她实在不忍离去，于是自告奋勇地留下来做志愿者，还把自己带去的所有私人物品全都捐了。她的行为感动了她的同事们，大家都把自己的私人物品捐了出去，还主动留下来帮忙。那几天，他们整个团队的情绪都特别高涨，而她也常常处于一种热泪盈眶的状态。说着说着，她意识到，自己特别喜欢在这类人定胜天的事件中冲到第一线做贡献。

当我听着两位姐妹描述的时候，内心的感动一阵接着一阵。我知道我是在和她们的灵魂对话。在那一瞬间，她们已经抓住了自己的使命。

你最让人感动的时刻是什么

在科幻小说《饥饿游戏》里，作为起义军的“代言人”，女主角凯特尼斯需要做大量鼓舞民心的演讲，但她不善言辞，演说效果一直不好。为了找到最能激发演说潜能的方法，她的伙伴们发起了一场关于“凯特尼斯什么时候最让你感动”的讨论，并在众多反馈中找到了共性特质，成功营造了最能激发凯特尼斯能量的环境，帮助她发表了一次又一次由心出发、鼓舞士气的精彩演讲，最终赢得了起义。

感动与被感动是灵魂和灵魂的对话，而只有灵魂深处发出来的声音才能抵达别人的灵魂，真正感动别人。而一件事能让你从灵魂深处发出声音，那这件事要么是使命本身，要么就是具备了激发潜能的某些核心要素。

现在，大家可以学学“凯特尼斯什么时候最让你感动”的讨论进行一场属于自己的练习，将你身边的人作为镜子来看清自己，找到最能激发你的潜能的要素。或许可以在这个过程中发现使命的踪迹。练习本身很简单，就是写邮件或打电话告诉你身边的人：“我想增强自我认知、寻找使命，想听听你们眼中的我在什么时候最发光、最有感染力，也最让你们感动。”

当年，我做这个练习的时候问了很多人，比如我的家人、同学、朋友、同事、领导等。在这个过程中我很惊喜地收到了好几个很有意思的反馈。这些反馈的内容乍一看都很不一样，描述的是我在不同时期做的不同事情。刚开始，我也没有发现这些事情之间存在什么共性，但是在进行了认真的分析和比对之后，我发现这些反馈都在描述我独当一面地去做一件从来没有人做过的事，而这种状态下的我在他们眼里是“浑身发光，充满感染力的”。这个发现对我来说是突破性的，也是我自己以前从来没有意识到的。它非常有帮助。

“群众的眼睛是雪亮的”，他们的反馈中很可能藏着宝藏，请善加利用。

如果没有任何经济压力，你会如何度过余生

很多时候，我们内心真正的渴望被生活压力抑制住了。大家都忙着挣钱养家，也就没空聆听内心的声音。当我们彻底解除生活的压力以后，往往更能看清自己内心真正向往的目标，明确什么对我们来说是最重要的。

对于“当你不再需要挣钱，你会如何度过余生”这个问题，大部分人最开始的回答可能是：我会去周游世界，我会去购物，我会去健身，我会去看电影，我会去做水疗等。但是在一段时间后，你会发现你还是需要一份能体现存在价值的工作，因为“做出贡献”是很多人的一项基本精神需求。尤其对于没有经济压力的人，这个需求尤其明显。我有不少已经实现财务自由的朋友，他们辞职后似乎过上了大部分人想要的生活——旅游、购物、品茶、会友、在家做菜、休闲娱乐等。但是过了一段时间以后，这些朋友都陆陆续续

出山做一些事情。并不是钱不够花了，仅仅因为空虚，所以想做点儿有意义的事。

所以，在回答这个问题的时候，请将眼光放长远。

闲暇的时候，你关注最多的是哪方面的信息

我从小就对政治、历史、地理、经济、“八卦”或名牌产品等话题毫无兴趣。当大家就这些话题谈得眉飞色舞的时候，我总是在走神儿，从来都记不住谈话内容。我只对一件事感兴趣：人。更确切地讲是如何激发人的潜能，让他们过上更好的生活。我平时看的书、参加的学习班、跟随的导师都是成长类的，而且我对这类信息的接受能力特别强，不仅能够轻松消化各类知识，而且可以举一反三。所以，我对于人的关注其实是非常明显的。

想一想，你平时会自发关注什么领域的信息？你了解什么信息最轻松、最享受？你和别人探讨什么话题时最忘我？这些问题的答案会告诉你，你的心灵渴望多了解哪个或者哪些领域，而这个或者这些领域很可能就是对你最重要的，也是你最渴望做出贡献的领域。

以上 6 个问题，从各个角度旁推侧引地寻找什么对你最重要以及什么最能激发你。当你把所有或极具突破性或零零散散的信息放在一起的时候，往往就会看到使命的大概方向和特征。

在这里我想指出一个寻找使命的常见误区——觉得使命应该是非常明显的，非常容易寻找的。恰恰相反，健康和快乐专家苏珊·比亚利医生指出，很多人在寻找使命的过程中都经历过这样一个阶段：努

力寻找使命—找不到方向—痛苦—逐步放弃—否定使命的存在。

寻找使命不是一朝一夕的事。在美国，许多致力于帮助大家寻找使命的课程时间通常都不会低于半年，甚至更长。当年，我从决定寻找使命，到找到一些初步的方向也耗时一年多。所以，寻找使命对于大多数人来说是需要一点儿时间和耐心的，这是一个很常见的过程。

找到使命之后

实践

在找到使命的初步方向之后，我们要如何确认这就是我们的使命，并进一步发展呢？这就引出了至关重要的一步：实践。

任何只存在大脑中的想法都是毫无价值的，只有付诸实践，我们才能看到这个想法对现实世界的影响和带给我们的真实感受。通过这些反馈，我们才能知道自己是否在正确的道路上。与此同时，使命也会在不断的实践中越来越清晰地呈现在我们的面前。

当我们找对方向的时候，我们的心会感受到。比如，当年我写下《30岁，我遇见了自己》后，外界给我的反馈非常强烈，所以，我当时就知道自己找对方向了，然后就很自然地开始写公众号文章、做讲座、写书等。使命也在实践和调整中越来越清晰，并呈现出全貌。

除了写作之外，验证和实践使命的方法还有很多种：做志愿者、在本单位筹备活动、业余兼职甚至全职去做。在美国，很多人会利用业余时间在他们认同的非营利组织做志愿者，甚至参与日常管理，这是他们实践使命的一种方式。Salesforce.com给每个员工一年6天的志愿者带薪假期，鼓励我们多参加志愿者活动，很多员工甚至在这6天假期之外利用自己的业余时间做志愿者。这是一个创新的世界，实践使命的方式有很多，发挥想象，必有一种适合你。

不断学习

很多人以为当我们找到使命以后，整个世界就会变得无比美好，一切都不费吹灰之力。其实不是。和实现任何目标一样，在实践使命的过程中我们会遇到很多障碍，需要通过长期的学习和努力，掌握必要的技能，克服万难，才能切实地帮助我们想帮的群体。

我那位成立了孤儿基金会的朋友为了扩大基金会的影响力，一直在努力提升自己的筹款能力，学习非营利组织的运营方式，同时还在考取人生教练证书来帮孩子们重建强大的内心。每一项工作都需要付出大量的心力，但是她矢志不渝，一步一个脚印地运营基金会。

我那位立志保护河流的朋友为了找到有效改善水质的方法，阅读了大量的河流保护书籍，研究环境保护的法律法规，进修环境保护课程，并且在实践中不断调整自己的方案，以求达到最佳效果。

实践使命是一个长期的甚至是毕生的过程。这个过程需要我们不断学习，排除万难。过程虽不易，但心怀着使命感的我们会是清醒的、强大的、充实的、充满希望的、全力以赴的，这是一个非常美好的状态。

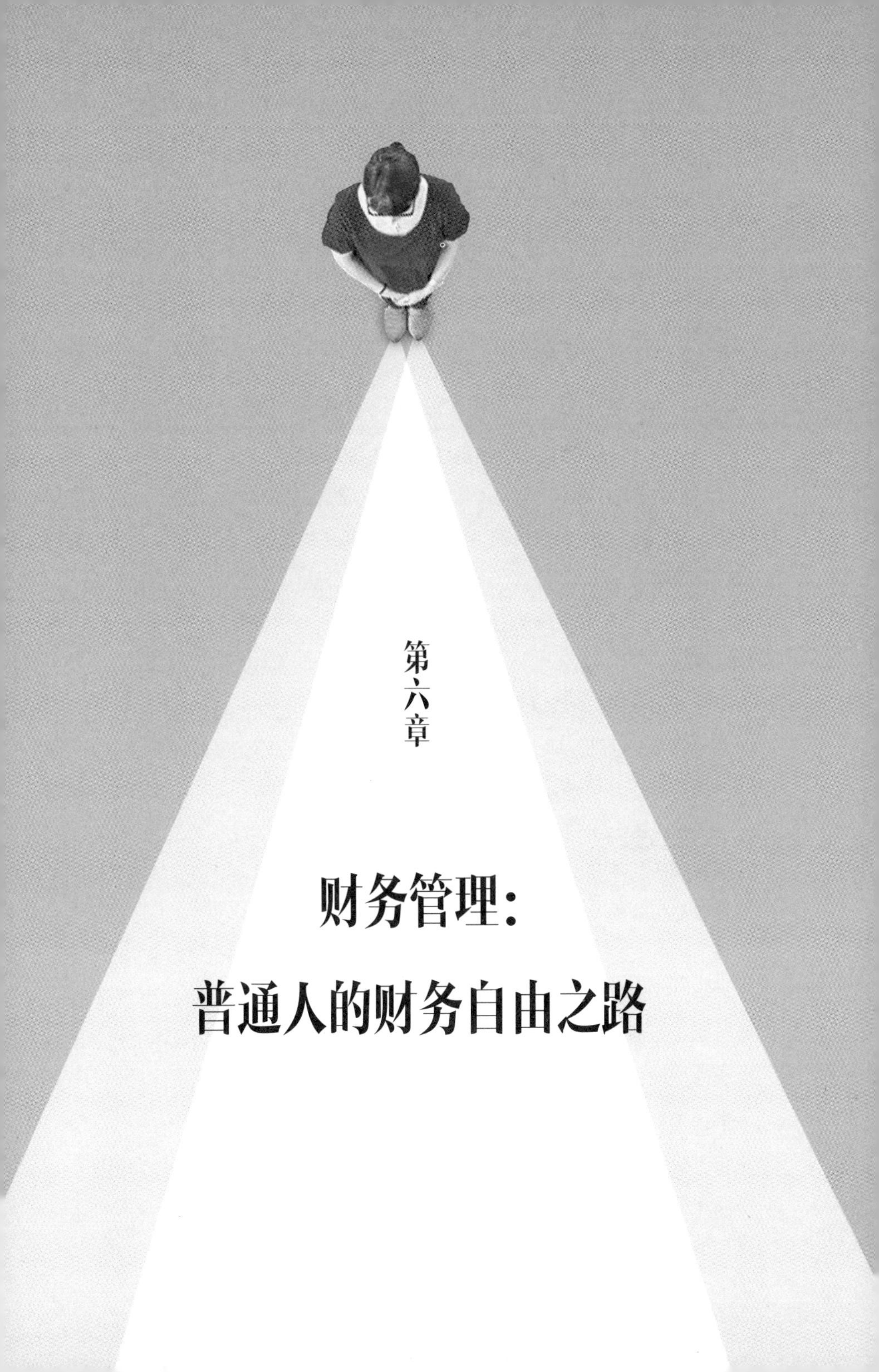

第六章

财务管理：普通人的财务自由之路

本章导读

很多人没意识到，在当今社会，理财其实是实打实的基本生存技能。大多数人的状态是嘴上说爱钱，其实完全不懂钱。这些人盲目地奋斗了一辈子，最后不要说财务自由，连退休后的基本生活都无法保证。非常可惜!

理财其实并不难。当我们掌握它的游戏规则，并学会避免一些明显的风险时，就可以利用钱自身的特性来打造一部“钱生钱”的机器，将我们的财富不断推向高点。

本章要点

- 学会智慧花钱，用今天的开支打造美好的明天。
- 存钱的三个原则：第一，不要算你能存多少，而要算你需要存多少，学会用剩下的钱过好日子； 第二，存钱，越早越好，哪怕不多，让复利尽早开始滚雪球； 第三，每月自动存款最省心。
- 保本第一！不要盲目追逐高收益、高风险的投资产品，很多稳健型产品的长期收益可能更高。
- 理财的重点是：分散，分散，分散。千万不要把宝押在某个“赢家资产”上，避免出现鸡蛋全打碎的情况，应根据你的风险偏好找到一个适合的资产配置。
- 普通人不要冒险试图靠选个股跑赢大盘或者专业投资人，大盘指数基金能最大限度地分散个股、行业甚至国家的风险。
- 最优化、简便的股票买卖方式是定投加再平衡。
- 买不买自住房，关键看你愿意承担什么样的风险、不愿意承担什么风险。
- 海外开支比较大的朋友可以置换一些美元资产来避免人民币波动造成的影响。
- 当遇到高收益、低风险的投资机会时，请格外小心。

大多数人爱钱，却不懂钱

刚开始工作的时候，我完全没想过要学习理财，总觉得等我以后工资高了，钱自然越攒越多。当时，有个同事聘请了理财顾问来为自己制订理财计划，我还觉得这个做法很先进，但是离我很远。

就这样一转眼到了30岁。有一天，我翻看自己的银行卡，才突然意识到，这么多年过去了，我的收入虽然翻了很多倍，但还是没什么积蓄。这个发现，让我顿时出了一身冷汗。如果继续这样发展，不要说财务自由，我可能连舒适养老都困难。

这怎么行?!我不仅要高质量的退休生活，还要走上财务自由之路！目标一确定，我就开始紧锣密鼓地采取行动。虽然我本科学的是经济，以前做过银行工作，还有MBA学位，但是我真的不太懂个人理财，只好从头学起。

我开始阅读大量的理财书籍，听了很多理财课程，咨询了众多理财顾问和专业投资人，还研究了美国的各种税务政策和养老账户的特性等。经过学习，我建立了一个理财系统，开始有条不紊地管理我的收入。这个高效的理财系统很快就帮我摆脱了无序、失控的财务状态，我欣慰地看着自己的资产按照规划大幅增长。但是，我并不满足于这样轻松稳健的收益，希望实现更高的收益，于是，我开始学习期权操作。我当时完全没有想到，这个看似合理的决定却把只想赚钱却对风险毫无思想准备的我直接推入了一个“罗马角斗场”，几乎九死一生。

在这之后的一年多里，我花了十多万元学费学习期权交易。当我自觉学得还不错时，便决定入市操作，结果第一个月就亏了好几万元，非常心疼。在这之后，我不断追加学费，调整交易方式，完善技巧，但是收效甚微。对于势单力薄、非专业出身的散户而言，股市真的很残酷。这回，我算是亲身体验到了。

就在我这个小散户在股市垂死挣扎、命悬一线的时候，我的老公阿顿出手救了我。阿顿是个专业投资人，曾荣获斯坦福商学院“阿杰·米勒学者”的称号，连CFA三级也是一次性考过的，并且经营着自己的对冲基金。在他的指点下，我渐渐开悟了，还找到了几个竞争压力小、回报高的小众战略，避开了机构投资者的刀刃，终于止跌转涨，开启了“印钞机”模式。

在过去几年，我的年收益率稳定在两位数，个人资产在高收益和追加存款的共同作用下高速增长，稳步走在舒适退休和财务自由的路上。同时，我也帮父母管理他们的积蓄，运用了一些更保守、风险更低的策略，年收益率也稳定在两位数。

这些年的经历让我明白了几个道理。第一，理财其实并不难。和经营任何人生命题一样，我们只要掌握它的游戏规则，避免掉入明显的坑，就能跑赢大多数人。第二，理财虽不难，但投资非常不易。在这个竞争激烈、你死我活的市场里，多数普通人很难从专业投资人手中分一杯羹，一不小心就可能损失惨重，甚至血本无归。所以，入市须谨慎。

接下来，我就和大家系统分享如何以正确的知识理财，帮助大家理清思路，早日把握自己的财富。

关于理财的两大误区

理财，会最好，不会也没关系？

以前，我一直觉得理财是个锦上添花的能力，会最好，不会也没关系。后来，当我开始学习理财以后才发现，理财其实是实打实的基本生存技能。不会理财的人在收入大幅减少或中断后连基本的生存都会成问题，比如被辞退、公司破产等。这其中，最常见，几乎每个人都会遇上的，也是性质最严重的情况就是养老。大多数人之所以没有意识到养老问题的严重性，是因为他们从来没有计算过养老究竟需要多少钱。

对大部分人来说，养老有三大支柱：养老金＋儿女补贴＋自己的积蓄。这其中，养老金只能维持基础的生存水平，而“养儿防老”的模式也随着老龄化社会的进程，加上计划生育政策，子女越来越不堪重负。所以，越来越多的人已经意识到如果想在退休后维持一定的生活水平，我们就需要自己贴补生活费，而这个经费的主要来源就是我们工作时积攒下的“老本”。但是，这够用吗？

斯坦福大学的经济学教授约翰·斯霍文说：“普通人想靠30年的薪水来赚取30年甚至更久的养老费用是不现实的。”第一，在通货膨胀的作用下，未来的生活费会越来越高。想象一下用20世纪90年代攒下的积蓄在现在养老是什么感受？第二，现代人越来越长寿，有10%的人能活到90岁以上，百岁老人比比皆是。寿命越长，开销自然也就越大。第三，年纪大了，医疗开销也会大幅上涨。在这三重因素的夹击下，绝大多数人的“老本”会在离世前，甚至离世前很久就全部用完，到时候，我们就会面临“钱没了，但人还活着”的悲凉晚年。这也是为什么很多人在退休以后不得不大幅降低生活水平来缩减开支，以减缓消耗“老本”的速度。

为了安享晚年，也为了过上更好的人生，大家拼命工作，努力挣钱，觉得这样就能过上理想的生活，这其实又是对钱的一个重大误解。

不用学理财，会赚钱就行?

只会赚钱，不会理财，这就像一支足球队只练进攻，不学防守一样，这样的战略能赢球吗？迈克尔·杰克逊、《教父》的导演科波拉、拳王泰森、金·贝辛格、钟镇涛和张卫健等，这些都曾是日进斗金、身家上亿的明星，却都因为挥霍无度或者理财无方而申请破产。再举个离我们更近的例子。如果你已经工作多年，会不会发现虽然工资涨了不少，但是开销涨得更快？原来到哪儿都挤公交车，现在基本都是打车；原来可以合租普通公寓，现在要独自承担高档公寓；红包越包越大，礼越送越重，衣服、首饰越换越高档等。再高的薪水，也填不满水涨船高的开销，最后我们落得个表面风光、账户里空空如也，忙活了半天也没能积累起可观的财富，非常可惜。

只会赚钱不懂守钱就像是在填一个无底洞，赚再多的钱也无法填满。所以，只有学好理财，靠理财打造一个“钱生钱”的机器，才能让你辛苦挣来的钱不断地滚雪球，越积越多，越滚越大，最终帮助你实现梦想的人生！

这样花钱，越花越多

有传闻说，股神巴菲特喜欢用投资的理念看待花出去的每一分钱，评估这钱是不是用在了回报最高的地方，所以他买东西时看到的不是标签上的价格本身，而是很多年以后的复利增值。也就是说，一件 100 美元的衬衣在股神眼里是近 1800 美元（每年 10% 的收益拿 30 年）。这样一算，这件衬衣明显就太贵了，也就不买了。这样的消费观念导致股神每天只吃两三美元的麦当劳早餐，住在 1958 年花 3 万美元买的一栋普通民宅里，然后把更多的钱都用在继续“生钱”上，最终成为身家 800 亿美元的富豪。

当然，股神的这个做法有点儿缺乏情趣，毕竟大多数人还是希望用辛苦挣来的钱来享受人生，而不是勒紧裤腰带干等着实现财务自由的那天。但是，股神用投资的眼光看待花钱的习惯的确非常值得我们学习。

我们的日常支出可以分为以下两类。

- 纯消费型：这类花费不会在未来产生明显的价值，花了就真的打水漂了。这其中有衣食住行等生活必需消费，也有泡吧、蹦迪、看爆米花电影等非生活必需消费。
- 自我投资型：这类花费会在未来以各种形式产生回报。比如读书、考证书、健身、吃有机食品、买高质量的保养品、做深度文化游、咨询心理医生、做形象设计等。这些投资或多或少都会在未来有所回报。当然，既然是投资，就会有高回报、低回报甚至赔本之分，不是所有投资的回报都是高的，我们需要理智看待。

这两类支出本身没有什么对错。人人都需要一些纯消费型的开支来维持生活、情感、心理和生理上的各种需求，所以，我们没必要过于苛刻地看待每一笔支出。大家唯一需要记住的是，纯消费型的开支真的是花了就没了，而自我投资型的开支却能让我们的人生越来越好。如果我们能够尽可能地调高投资型开支的比重，那么多年以后，你会发现之前用的钱已经帮你站到了一个新的高度。想象两个朋友A和B，收入一样，开销总额也一样。A的开销主要是纯消费型的，吃喝玩乐，非常享受。B的开销有很大一部分是自我投资型的，读书、上课、深造、环游世界、增加阅历。10年以后，你觉得这两个人的赚钱能力、内涵、品位、格局和社交圈还一样吗？

希望大家学会以投资的眼光看待开支，用今天的花费来打造更美好的明天。

实现你梦想的人生需要多少钱

大多数人虽然爱钱，但是从来没有想过自己为什么要钱、有钱了可以做什么、需要多少钱才能做自己想做的事、如何才能拥有这些钱等。毫无目标、缺乏规划的理财方式是盲目的，也是低效的，就好像你夜以继日地努力开车，却不知道自己究竟想去哪儿，也不知道该怎么去。“为什么理财”不仅仅是我们学习理财的原因和动力，也是我们实现理想人生的具体预算。

不同的人有不同的“为什么”。接下来，就请列出你最重要的理财目标，可以分短期、中期和长期，全局性地看清我们从短期到长期对钱所有的需求。举个例子：

短期理财目标（三年内）

- 买件名牌大衣
- 出国旅游
- 深造

中期理财目标（3~10 年）

- 买房
- 子女教育

长期理财目标（10 年以上）

- 父母养老补贴
- 高品质养老
- 财务自由

接下来，就请计算一下实现每一项目标需要多少预算。对于中、短期目标而言，预算的制定还是比较简单的，因为除非经济环境出现大幅波动，现在的物价和几年后的物价不会相差太大：如果一件名牌大衣今年卖 5000 元，一年后估计还卖这个价格；如果今年出国深造的费用是 50 万元，那两年后的费用也不会有太大区别。所以，制定中、短期目标的预算用现在的价格就好。当然，国内的房价是一个例外。未来的房价走势和变化幅度谁也无法做出准确预测，所以，如果买房是你的中、短期目标之一，也可以按照目前的价格做预算，虽然我们知道这个预算很可能会不准。关于买房，我们接下来还会进行更深入的讨论。

在明确中、短期目标的预算以后，下一步就是计算每个月要存下多少钱才能实现这些目标。比如，我想在一年后买件 5000 元的大衣，那么，从现在起，我每个月就要存 417 元（5000 ÷ 12）。又比如，我想在三年后出国深造，费用为 50 万元，假设我不申请贷款，那么从现在起，我每个月就要存 13889 元（500000 ÷ 36）。这个计算很容易，就不赘述了。

接下来，我们来看一下长期目标的预算。制定长期预算更复杂一些，因为还要考虑通货膨胀的影响。所以，接下来，我会用“舒适养老”和“财务自由”作为例子来示范计算方法。大家学会了这个方法以后，就可以举一反三地用于计算其他长期预算。

同时，为了方便大家制定长期预算，在提供具体步骤和思路的同时，我也为大家制作了一个计算器。只要到我的公众号“一稼”（ID：pioneeryijia）花 15 秒输入你的基本情况，计算器就会自动计算你每月需要存下多少钱才能实现“舒适养老”和“财务自由”。大家可以在掌握预算制定方法的基础上用计算器轻松制定你的长期预算。

需要注意的是，以下举例只是为了示范，不是提供具体的金额指导。每个人的情况不同，大家可以在学会了计算方法以后根据自己的实际情况调整假设，得出最适合你的预算。

舒适养老需要多少钱

关于“养老究竟需要多少钱”这个问题，不少专家已经争论了很多年。有的专家说，在国内一线城市养老 300 万元差不多就够了。也有专家说，300 万元绝对不够，1000 万元才行。差距这么大，普通老百姓当然就被说晕了。其实 300 万元、1000 万元，甚至更高都是可能的，因为这些计算结果完全取决于所采用的基本假设，比如通货膨胀、经济增长、养老水准和寿命长短等。不过，每个人的具体情况都不同，与其让别人告诉你养老需要多少钱，不如自己学会计算，根据你的具体情况来制定最适合你的预算，做到心中有数。现在，就让我们来学习一下养老费用的计算方法。

基本假设

- 月开销：你生活在国内某一线城市，每个月开销 10000 元，小日子过得挺舒心（可以调高或调低生活标准）。
- 退休后的生活标准：你希望在退休后维持和现在相同的生活水平（可以调高或调低退休生活标准）。
- 距离退休还有几年：你今年 30 岁，60 岁正式退休，还有 30 年（可以调整年龄）。
- 养老金：你的养老金按现在的标准计算约为 4500 元 / 月（可以调高或调低养老金标准）。
- 通货膨胀：中国的通货膨胀率在未来 100 年稳定在 3%（可以调高或调低通货膨胀率，也可以用阶梯形假设，比如未来 5 年的通货膨胀率为 8%，5~10 年为 5%，10 年后为 3%）。
- 离世年龄：90 岁，现在百岁老人比比皆是（可以调高或调低离世年龄）。

退休时，第一年的生活费是多少

按每年 3% 的通货膨胀率计算，如果在 60 岁退休时想要维持

10000 元 / 月的生活标准，你的开支就上升到 2.4 万元 / 月［$10000\times(1+3\%)^{30}$，为方便阅读，本章所有数字均做四舍五入处理］。

同理，在通货膨胀的作用下，现在 4500 元 / 月的退休金在 30 年后会达到 1.1 万元/月［$4500\times(1+3\%)^{30}$］。

每月 2.4 万元的生活费，减去 1.1 万元的退休金，差额为 1.3 万元。也就是说，在 60 岁那年，你需要补贴 1.3 万元 / 月（16 万元 / 年）才能维持现在的生活水平。这个金额每年还会以 3% 的通货膨胀率递增。

调整假设，计算可能的费用区间

结论是由假设驱动的。只要基本假设稍微一变，结果就会大相径庭，所以，大家可以通过调整基本养老、舒适养老、豪华养老、通货膨胀等基本假设，计算出养老预算的区间，做到心中有数。

举几个例子：

- 如果你愿意在退休后降低生活标准，从 10000 元 / 月的生活水平降到 5000 元，那你在 60 岁时只需要补贴 1.5 万元 / 年，然后每年以 3% 递增。
- 如果你退休后想达到比现在更舒适的生活标准，从 10000 元/月的生活水平提升到 20000 元 / 月，那你在 60 岁时就需要补贴 45 万元 / 年，然后每年以 3% 递增。
- 如果你认为中国的通货膨胀率在未来会长期稳定在 5%（美国为 1.5%~2%），要维持每月 10000 元的生活水平，你在 60 岁时就需要补贴 29 万元 / 年，然后每年以 5% 递增。

养老，我们需要准备多少钱（算法一）

我们已经计算得出，在60岁退休那年，如果你想维持现在的生活水平，就需要补贴16万元/年，然后每年以3%递增。以这个预算生活到90岁离世，我们一共需要准备多少钱？

答案是：762万元。也就是说，如果你在60岁之前拥有762万元的积蓄，那么你就有足够的钱可以维持现有生活水平直到90岁离世。当然，如果我们调整一下基本假设，比如通货膨胀率超过3%，或者退休后生活水平提高，或者实际离世年龄高于90岁，这个数字还会大幅攀升。

（单位：1000元）

年龄	生活费／年	年龄	生活费／年	年龄	生活费／年
60	160	70	215	80	289
61	165	71	222	81	298
62	170	72	228	82	307
63	175	73	235	83	316
64	180	74	242	84	326
65	186	75	250	85	335
66	191	76	257	86	345
67	197	77	265	87	356
68	203	78	273	88	367
69	209	79	281	89	378
养老总费用：7620					

每个月需要存多少钱才够养老（算法一）

那么，你每个月需要存下多少钱才能够在 60 岁之前积累到 762 万元？

答案是：1.35 万 / 月，并以 3% 的通货膨胀率逐年递增。

（单位：1000 元）

初始存款 / 月	13.50				
年龄	存款 / 年	年龄	存款 / 年	年龄	存款 / 年
30	160	40	215	50	289
31	165	41	222	51	298
32	170	42	228	52	307
33	175	43	235	53	316
34	180	44	242	54	326
35	186	45	250	55	335
36	191	46	257	56	345
37	197	47	265	57	356
38	203	48	273	58	367
39	209	49	281	59	378
总存款：7620					

对于一个每月生活费为 1 万元的工薪阶层来说，每月要省下 1.35 万元，也就是接近 60% 的可支配收入，是非常困难的。现在，大家会明白为什么约翰 · 斯霍文说“普通人想靠 30 年的薪水来赚取 30 年甚至更久的养老费用是不现实的”。

既然这条路走不通，就让我们来学习一下另一种养老规划方式。

养老，我们需要准备多少钱（算法二）

一切基本假设都不变，但是增加一个条件：你学会了理财，每年的理财收益为 7%。除去 3% 的通货膨胀率，你的实际理财收益为 4%（7%–3%）。我们已经知道在 60 岁那年，要维持现在的生活水平，你需要补贴 16 万元 / 年。那么，我们需要多少本金才能用 4% 的实际投资收益来产生 16 万元 / 年的退休费用呢？

答案是：400 万元（16 万 ÷ 4%）。这个很好算。也就是说，只要你到 60 岁时手上有 400 万元本金，就可以用理财收益安享晚年。

这种规划方法的好处非常多。首先，你的初始存款大幅降低到人人都可以承担的区间。其次，即使生活费用每年都在按通货膨胀率递增，你的存款还是因为理财收益不减反增。到 89 岁时，你还有 800 多万元存款。这笔存款既可以用来继续补贴养老费用，再也不用担心会因为长寿而坐吃山空，又可以用作“应急储备金”，来应对大病大灾等不测，还可以用来改善生活水平。可以说，这个预算做得非常充裕，足以应对众多的不确定因素，避免满打满算。

（单位：1000 元）

年龄	年初存款	生活费补贴 / 年	年初存款–生活费补贴	理财收益	年末存款
60	4005	160	3845	269	4114
61	4114	165	3949	276	4225

（续）

年龄	年初存款	生活费补贴／年	年初存款－生活费补贴	理财收益	年末存款
62	4225	170	4055	284	4339
63	4339	175	4164	291	4456
64	4456	180	4275	299	4575
65	4575	186	4389	307	4696
66	4696	191	4505	315	4820
67	4820	197	4623	324	4947
68	4947	203	4744	332	5076
69	5076	209	4867	341	5208
70	5208	215	4992	349	5342
71	5342	222	5120	358	5478
72	5478	228	5250	368	5618
73	5618	235	5382	377	5759
74	5759	242	5517	386	5903
75	5903	250	5653	396	6049
76	6049	257	5792	405	6197
77	6197	265	5933	415	6348
78	6348	273	6075	425	6500
79	6500	281	6220	435	6655
80	6655	289	6366	446	6811

（续）

年龄	年初存款	生活费补贴／年	年初存款－生活费补贴	理财收益	年末存款
81	6811	298	6513	456	6969
82	6969	307	6662	466	7128
83	7128	316	6812	477	7289
84	7289	326	6964	487	7451
85	7451	335	7116	498	7614
86	7614	345	7268	509	7777
87	7777	356	7421	519	7941
88	7941	367	7574	530	8104
89	8104	378	7727	541	8268

注：生活费补贴在年初扣除，不产生理财收益。

每个月需要存多少钱才够养老（算法二）

那么，你每个月需要存下多少钱才能够在60岁之前积累到400万元？

答案是：2575元／月，并以3%的通货膨胀率逐年递增。

（单位：1000元）

年龄	年初存款	理财收益	追加存款	年末存款
30	—	—	31	31
31	31	2	32	65
32	65	5	33	102
33	102	7	34	143

（续）

年龄	年初存款	理财收益	追加存款	年末存款
34	143	10	35	188
35	188	13	36	237
36	237	17	37	290
37	290	20	38	349
38	349	24	39	412
39	412	29	40	481
40	481	34	42	557
41	557	39	43	638
42	638	45	44	727
43	727	51	45	823
44	823	58	47	928
45	928	65	48	1041
46	1041	73	50	1163
47	1163	81	51	1296
48	1296	91	53	1439
49	1439	101	54	1594
50	1594	112	56	1761
51	1761	123	57	1942
52	1942	136	59	2137
53	2137	150	61	2348
54	2348	164	63	2575

（续）

年龄	年初存款	理财收益	追加存款	年末存款
55	2575	180	65	2820
56	2820	197	67	3084
57	3084	216	69	3368
58	3368	236	71	3675
59	3675	257	73	4005

注：当年存款在年末追加，不产生理财收益。

对于每月消费 10000 元的工薪阶层，每个月存 2575 元，也就是 26% 的可支配收入，是完全可以承受的。这样，到 60 岁退休的时候，他们就能轻松拥有 400 万元存款，然后就可以安享晚年了。

现在大家理解为什么理财是现代人的基本生存技能了吧？对很多人来说，理财其实是实现舒适养老最好的，也是唯一的途径。自己算一下，你也会得出这个结论。

财务自由需要多少钱

什么是财务自由？《富爸爸穷爸爸》的作者，地产大亨罗伯特·清崎说，当每个月的被动收入，就是不用工作就会产生的收入，超过每个月的开销时，你就再也不用为生计而工作了，也就实现财务自由了。

很多人都想要财务自由，但是你知道实现财务自由需要多少钱吗？大多数人在被问到这个问题的时候会先愣一下，然后随机地报出一个天文数字，动辄上千万，甚至过亿。其实，就像我们在计算退休费用时看到的，实现财务自由需要的费用可能比你想象的要低很多。现在，我们就来计算一下。

基本假设

- 月开销：你生活在国内某一线城市，每个月开销10000元，小日子过得挺舒心（可以调高或调低生活标准）。
- 实现财务自由后的生活标准：你希望维持和现在相同的生活水平（可以调高或调低退休生活标准）。
- 距离实现财务自由还有几年：你今年30岁，希望在45岁实现财务自由，还有15年（可以调整年龄）。
- 现有存款：20万元（可以调高或调低存款）。
- 理财收益：7%（可以调高或调低收益率）。
- 通货膨胀：中国的通货膨胀率在未来100年稳定在3%（可以调高或调低通货膨胀率，也可以用阶梯形假设，比如未来5年的通货膨胀率为8%，5~10年为5%，10年后为3%）。
- 养老金：为了简化计算，不考虑养老金。

每个月需要存多少钱才能在45岁实现财务自由

如果你每个月能存下11440元（以3%的通货膨胀率逐年递增），也就是53%的可支配收入。在每年追加的存款和7%的理财收益的共同作用下，你的资产会快速增加。在你45岁那年，存款的实际理财收益首次追上当年的生活费，从此以后，你就实现财务自由了。

（单位：1000元）

年龄	年初存款	理财收益(7%)	追加存款	年末存款	实际理财收益(4%)	生活费
30	200	14	137	351	8	120
31	351	25	141	517	14	124
32	517	36	146	699	21	127
33	699	49	150	898	28	131
34	898	63	155	1115	36	135
35	1115	78	159	1353	45	139
36	1353	95	164	1611	54	143
37	1611	113	169	1893	64	148
38	1893	133	174	2199	76	152
39	2199	154	179	2532	88	157
40	2532	177	184	2894	101	161
41	2894	203	190	3287	116	166
42	3287	230	196	3713	131	171
43	3713	260	202	4174	149	176
44	4174	292	208	4674	167	182
45	4674	327	214	5215	187	187

注：当年存款在年末追加，不产生理财收益。

当我们实现财务自由以后，即使我们辞职不再有薪水收入，也就

（单位：1000 元）

年龄	年初存款	生活费	年初存款 - 生活费	理财收益（7%）	年末存款	年龄	年初存款	生活费	年初存款 - 生活费	理财收益（7%）	年末存款
46	5215	193	5022	352	5374	68	10153	369	9784	685	10469
47	5374	198	5176	362	5538	69	10469	380	10089	706	10795
48	5538	204	5334	373	5707	70	10795	391	10403	728	11132
49	5707	210	5496	385	5881	71	11132	403	10728	751	11479
50	5881	217	5665	397	6061	72	11479	415	11064	774	11839
51	6061	223	5838	409	6246	73	11839	428	11411	799	12210
52	6246	230	6017	421	6438	74	12210	441	11769	824	12593
53	6438	237	6201	434	6635	75	12593	454	12139	850	12989
54	6635	244	6391	447	6838	76	12989	467	12521	876	13398
55	6838	251	6587	461	7048	77	13398	481	12916	904	13821
56	7048	259	6789	475	7265	78	13821	496	13325	933	14257
57	7265	267	6998	490	7488	79	14257	511	13747	962	14709
58	7488	275	7213	505	7718	80	14709	526	14183	993	15176
59	7718	283	7436	520	7956	81	15176	542	14634	1024	15658

（续）

年龄	年初存款	生活费	年初存款–生活费	理财收益（7%）	年末存款	年龄	年初存款	生活费	年初存款–生活费	理财收益（7%）	年末存款
60	7956	291	7665	537	8201	82	15658	558	15100	1057	16157
61	8201	300	7901	553	8454	83	16157	575	15582	1091	16673
62	8454	309	8145	570	8716	84	16673	592	16081	1126	17207
63	8716	318	8397	588	8985	85	17207	610	16597	1162	17758
64	8985	328	8657	606	9263	86	17758	628	17130	1199	18329
65	9263	338	8926	625	9550	87	18329	647	17682	1238	18920
66	9550	348	9203	644	9847	88	18920	666	18254	1278	19532
67	9847	358	9489	664	10153	89	19532	686	18845	1319	20164

注：生活费在年初扣除，不产生理财收益。

是无法每年追加存款，而且还需要从存款中扣除当年的生活费，但是因为理财收益足以覆盖生活费，所以完全不需要动本金。

与此同时，我们还是继续沿用保守规划的原则，你的本金不仅不会减少，而且到 89 岁时已经涨到 2000 万元。这些结余可以作为“应急储备金”以备不时之需，也可以用来改善生活水平，安享晚年，这才是真正的财务自由。

需要重申的是，以上举例只是示范计算方法，不提供具体的金额指导，而且很多假设都做了简化，只要大家学会了计算方法，就可以根据自己的实际情况重新设定假设，计算出最适合自己的目标预算。

我们已经了解制定长期预算的思路和方法，现在，就请到我的公众号“一稼”（ID：pioneeryijia），用计算器轻松计算你每月需要存下多少钱才能实现你的“舒适养老目标”和“财务自由目标”。

然后，请计算为了实现你的短期、中期和长期全部目标每月需要的钱，这就是你为了自己的未来每月需要存下的钱。

“月光女神”也能掌握的懒人存钱法

托尼·罗宾斯说：“不要想你能存多少钱，要想你需要存多少钱才能实现你的人生目标。”很多人觉得自己工资少、生活压力大，无财可理。这是从能存多少钱的角度来思考存钱，这个思维方式的结果，就是你永远觉得自己无财可理，因为永远有要用钱的地方。需要存多少钱则是从理性的角度计算出实现你的目标需要多少钱，而你从今天开始需要定期存多少钱才能在理想期限内实现目标（上一节计算得出的结果）。我们每个月拿到工资时要先把这部分需要存的钱存下，再用剩余的钱来安排好自己的生活。

对于这个思维转换，很多人一开始会觉得很困难，觉得很难省下这么多钱，或者觉得自己的生活品质可能会因此大打折扣。其实不然。我本科毕业后进入渣打银行工作，当时有一个福利，就是员工能以折扣价购买一定额度的公司股票，而且一旦股价跌破购买价，渣打银行会补上差价。也就是说，这是一个“只赢不输”的投资项目。当时我刚开始工作，工资不高，每个月都觉得钱不够花。本来我是觉得自己完全没有闲钱可以投资的，但是我想着几年后可能要深造，需要钱，又实在不想错过这么好的投资机会。经过深思熟虑，我决定挤出近 40% 的薪水买足员工限额股票，而这笔钱会从每个月的工资里直接扣除。

刚开始，我看着每个月工资卡上少得可怜的进账就非常后悔自己的决定，觉得靠这么点儿钱根本没法过日子。但木已成舟，也没有其他办法，于是，我慢慢地学会了用“小钱”过日子。我削减了一切不是最必要的“消费型”开支和一些回报不高的“投资型”开支，把每一分钱都用在刀刃上：我买衣服的时候会首先考虑衣服的实用性和性价比，买一件是一件，少而精，从不会买了不穿；我削减了非必要的社交支出，只参加我真的喜欢、能学到东西的活动；看电影，我只去低价场等。就这样，小日子渐渐被我经营得风生水起，还培养了理性花钱的习惯。

这段经历让我明白了钱的一个特性，即“存钱，挤挤总是会有的”。我想大家身边也常有一些收入不高却能高比重存钱的能人，他们或者需要寄钱回老家，或者要买房，或者想出国求学等，因为心里有对未来的计划，于是他们每个月在动用薪水之前先存下这笔需要的钱。所以，存钱多少和收入多少真的没那么大关系。存钱最好的办法就是：第一，先计算出为了实现未来的目标，你需要存多少钱；第二，每月自动扣款，直接把这笔钱从每个月的工资中转走；第三，用剩余的钱规划好自己的生活，有多少钱做多少事，把钱都用在刀刃上。

当然，我也理解对于一些年轻人来说，目前薪水基数实在太小，存不下多少钱。在这种情况下，你可以从一个较小的比重存起，比如3%~5%的工资，每年增加1%，每次加薪，再加上20%~50%的加薪工资，其他的加薪部分可以用来改善生活。这样，几年以后，你就可以存下可观的一笔钱了。

大佬们不会告诉你的理财秘密

存钱，越早越好

为什么我建议即使你收入不高，也要从现在开始存钱，哪怕只有一点点呢？这是希望大家尽早培养存钱和理财的能力，更重要的一点是，尽早让复利开始发挥作用。

爱因斯坦曾把复利称为“世界第八大奇迹”。巴菲特也说：“我的财富来源于生在美国、一些良好的基因，以及复利。”复利的威力有多大？举个例子，如果你现在投资 1 万元，每年 10% 的收益率，100 年后就成了 1.4 亿元 。是不是很惊人？不信的话，你自己按按计算器就知道了。

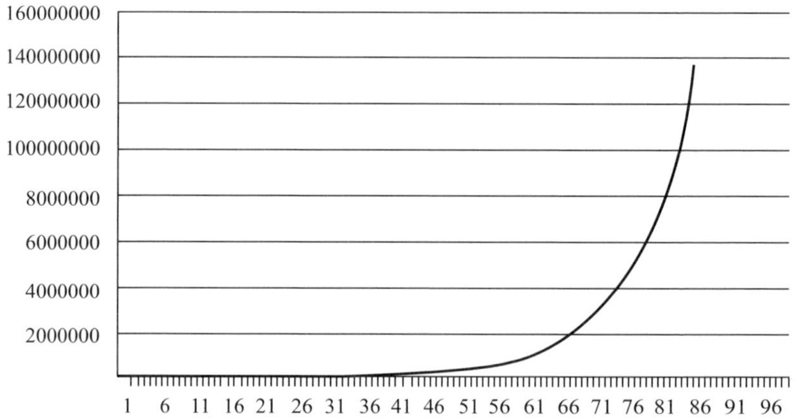

我们可以从上图清晰地看到，随着投资年限的增长，复利带来的资产增值越来越大。这就是为什么理财专家再三强调“存钱越早越好”。 如果你在 20 岁的时候存 1 万元，按照 10% 的增长率，到了 70 岁的时候就有 120 万元。但是如果你到 40 时才存 1 万元，到 70 岁时只有 17 万元。这就是复利创造的奇迹！复利滚动的时间越长，创造的财富越大。所以，理财越早越好，哪怕我们年轻时能存的钱不多，复利依然会帮助我们将这笔钱越滚越多，最终成为一笔非常可观的资金。

“高收益”战略真的收益更高吗

要让复利发挥最大作用，我们要把握一个重要原则，就是不亏钱。巴菲特的投资原则有三条：第一，避免风险，保住本金；第二，避免风险，保住本金；第三，坚决牢记第一条、第二条。很多人乍一听这个原则可能觉得太简单了，但你真的明白这是为什么吗？

当看到一些投资战略打着“高收益”“增长型”的名号时，你会不会觉得热血沸腾，觉得这些战略比“稳健”“保本”等平淡无奇的战略听起来有吸引力多了？但是，这些追求高收益的战略，真的能长期给你带来高收益吗？这可不一定！我们都知道与高收益紧密关联的是高风险，为了追求更高的收益，投资机构常常会选择风险更高的投资项目，而高风险就意味着更可能输钱，而且会输更多的钱。那么，一个低收益、低风险的投资战略和一个高收益、高风险的投资战略到底哪个更有可能在长期带给你更高的收益呢？

举个例子，有两个投资组合：

- 一个是稳健型，每年增长 7%。
- 一个是增长型，收益规律是：

  第一年：+30%；

  第二年：+30%；

第三年：–15%；

第四年：–5%；

第五年：–5%。

你觉得哪个投资战略的长期表现会更好？

也许很多人会觉得增长型的表现更强劲，毕竟它增长迅猛，下调的幅度也不算大。但事实是，如果我们同样投 1 万元到这两个产品，100 年以后，稳健型产品会飙升至 870 万元，而增长型的投资组合则只有 180 万元。现在，大家明白了为什么投资大佬们再三强调“不要输钱，保住本金”了吗？一旦你输了钱，要回到原来的本金水平将变得非常困难。

比如，当你输了 50% 的本金后：

- 如果想一年后回到原来的本金水平，就需要 100% 的收益率；
- 如果想两年后回到原来的本金水平，就需要连续两年实现 42% 的收益率；
- 如果想 5 年后回到原来的本金水平，就需要连续 5 年实现 15% 的收益率。

实现这样高的收益率对大多数人来说是非常困难的。所以，要让复利最大限度地发挥作用，请做到：第一，存钱，越早越好；第二，保住你的本金，不要盲目追逐高收益的投资方案。

像金融大鳄一样理财

在明确了理财目标，并且存下一定的本金之后，我们就正式进入了理财的主要环节：打造一部“钱生钱”的理财机器，让本金自动增值。通俗一点讲就是“我该买什么才能赚钱”。

理财收益永远和经济增长、通货膨胀、政策和未来展望等因素息息相关。在不同的环境中，不同的资产会有不同的回报。绝大多数人最常犯的错误就是过多地把宝押在某一个“赢家资产”上，赌这个资产只涨不跌。但是历史反复告诉我们，没有只涨不跌的资产。经济有周期，只要经济环境一变，各类资产的表现也会跟着变，而且变化的到来可能比你想象的要快很多。

比如，当股市连续几年表现良好时，很多人就会产生股市还能再创新高的幻想，卖房、卖车甚至借钱来投资股市。结果呢？我想很多老股民对于 2007 年以及 2015 年的股灾还记忆犹新。而当房市连续多年暴涨之后，人们又会生出“房市永远不会跌”的想法，开始疯狂地贷款买房。结果呢？看看 2008 年的次贷危机，在那之前，美国的房价 50 年间基本没怎么跌过，并从 2000 年起经历了持续的暴涨。

世界上最大的对冲基金桥水的创始人雷·达里奥说：“任何时候都可能会发生让我震惊的事。”最强的经济学家和投资人也无法准确预测接下来会发生什么。企业破产、政策变化甚至战争等都会对经济产生巨大的影响，也许下一只黑天鹅就在转角处，经济周期也可以在一夜之间彻底转向，我们需要时刻严阵以待。在无法预知未来的情况下，我们唯一可以做的就是搭建起一个在所有经济环境中都能表现良好的“资产配置”，以较低的风险获得较高的长期收益。

就像买房子的关键是“位置，位置，位置”一样，资产配置的关键是“分散，分散，分散”。诺贝尔经济学奖得主，现代资产配置理论之父哈里·马科维茨说：“分散的资产配置是唯一免费的午餐，因为你可以降低风险，提高长期收益，而且不用花一分钱。”所以，千万不要把所有的鸡蛋放在一个篮子里，万一打翻了篮子，你连翻本的资本也没了。而且，经济规律告诉我们，每个篮子都会有“打翻”的风险，任何一个篮子都不会是永远安全的，所以，请务必把资产分散配置。

在具体学习资产配置之前，我们先来了解一些常见的资产种类以及它们的特性。

现金类资产

现金类资产包括现金、银行活期存款和货币基金等。这些资产的流动性很好，需要用钱时一般一两天，甚至当场就可以到账。所以很多人会在身边留下足以支付至少 3~6 个月的生活费的现金类资产，用来支付日常开支和以备不时之需。

这些现金类资产也可以生钱，而收益最高的货币基金，存几万元也可以赚取一点儿买菜钱。我有一位银行的朋友告诉我，现在大多数上海家庭基本没有现金，全在这些货币基金内。

货币基金的风险虽然小，但购买的时候还是请选择大银行或者大机构发行的产品以避免不必要的损失。

保险：别让意外毁了你的幸福

我有个朋友是一家私人银行的总监，当我问她对老百姓理财有什么建议的时候，她说："告诉大家在做投资之前先买几个保险吧。"

我们永远不会知道明天会发生什么。今天还神采奕奕的人，明天可能就会被查出重大疾病，或者发生意外。当面对这些致命打击时，如何保证自己和家人的生活质量，不让这些突如其来的打击毁了我们的幸福？这时就要靠保险了。理财导师简七说："买保险，就是用少量可承受的保费来应对无法承受的损失。"当然，保险的水很深，门类也非常多。为了帮大家买对保险，简七老师为大家总结了四个注意事项。

买对险

保险的首要作用就是保障我们抵御无法承受的损失。普通的小毛病或者小灾小难，我们自己就可以扛过去，也就没有必要买保险。真正会对我们的生存造成无法承受的打击事件一般是伤残、大病或死亡，所以，我们最需要购买的保险就是意外险、重大疾病险以及寿险。

买对人

很多人觉得保险应该买给需要被保护的人，比如老人和孩子。其实不是！老人和孩子一旦发生意外虽然不幸，但至少还有你们可以照顾他们。但是如果你自己出事了，谁来保护这个家庭？所以，保险的对象应该优先考虑家庭经济支柱，因为一旦家里的顶梁柱倒下，整个家庭是很难独自承受这样的打击的。

买足额

如果额度不足，一旦出险，赔付金额只是杯水车薪，并不能帮助你安然度过危机，所以保额一定要买足。具体额度因人而异，比如重疾险至少要覆盖 3~5 年的生活费，有房贷的朋友的寿险保额至少要覆盖剩余房贷等。但是，请不要为了一味追逐过高的保额而交付巨额保费，原则上，每年支付的保费不要超过总收入的 5%~10%。同时，有些保费是与年龄挂钩的，同样的保额，尽早购买，保费成本会更低。

优先考虑消费险

现在的保险产品门类众多，比如分红险、理财险等。所谓消费险就是用支付保费的方式来获得保额，也就是传统的保险。简单来讲，就是理财产品＋保险的合体。有些产品看着非常诱人，但是仔细一算，就会发现并不划算。

我有个 30 岁的朋友说她买了个“超划算”的意外险，一年交 1 万元，要交到 50 岁，就是 20 年，以后就不用交钱了。然后 60 岁时一次性给你 30 万元，这期间你还享有 50 万元的意外险保额。这个产品乍一看不错：我只交了 20 万元，最后却能拿回来 30 万元，还有免费的意外险可以拿，这不是很好吗？但是，稍一计算就会发现，如果按照每年7%的收益来计算，她这些年交的钱到60岁时可以涨到90多万元，损失了60多万元的潜在收益，非常不划算。

所以，请优先考虑消费险。当然，这并不是一个绝对的原则，还是要具体产品具体分析。比如，在香港很多保险都是分红型的，而且这些分红会被加在保额上，以达到抗通胀和高杠杆的效果。如果操作合理，这种做法是比较诱人的。

固定收益类理财产品

这类理财产品的背后一般是各类政府债券、企业债券或银行票据等固定收益类产品。从风险上看，理财产品的风险还是相对比较低的。而且很多理财产品都是银行直接发行的，也就多了一层信用背书，因为老百姓相信银行，觉得只要是银行发行的理财产品就是保本的。事实上，过去也的确发生过一些银行垫付了投资损失的事件，这也让老百姓更加信任银行的理财产品。但是，只要是投资就是有风险的。如果一个理财产品没有白纸黑字地写下保本，就是不保本的。2008年的次贷危机让很多老百姓破产了，就是因为大家盲目相信在银行购买的理财产品。

那么，我们该如何挑选理财产品？

我的一个专业投资人朋友对她的父母说："买一个你们觉得不会倒闭的大银行直接运营的理财产品，收益中等，甚至中等偏下就行了。"这个建议包含了两个关键点：

第一，大银行直接运营。大银行直接运营的理财产品只要预期收益不是太高，银行有时候还是会选择用“隐形保本”来提升用户信誉的。需要注意的是，银行出售的理财产品，有时候并非银行直接运营，只是“代销”其他机构的产品。银行不负责这些产品的盈亏，所以购买的时候请问清楚。

第二，收益适中，甚至偏低。天上不会掉馅饼，没有低风险、高收益的产品。无论这个产品的销售人员给了多少美好的口头承诺，如果一个产品的收益更高，就一定承担了更高的风险，他只是没告诉你。所以，我们在挑选理财产品的时候，切忌一味追求高回报，以避免不必要的损失。

房产投资

房产投资可以按照投资目的分为三大类。

自住房

在中国的主要城市，房产是过去多年来增值最快的资产。只要你买了房，就能平步青云。如果你没买房，那么赤着脚追也可能买不起房了，工作五六十年买不起房子的尴尬事比比皆是。房价的疯狂涨幅，让很多还没买自住房的人非常没有安全感。对于未来房市的走向，很多人抱着两极的观点。

看涨的人认为，中国的通货膨胀率这么高，整个市场都是钱，又很难转移到海外，所以大多数人只能在国内进行投资，泡沫再大也会投。中国人最相信房子，有很大的刚需，房子又抗通胀，所以大家一有钱首先就会投向房市。而且那么多人想往大城市里挤，所以，大城市的住房需求会一直很大。目前的房价之所以稳定，只是因为暂时被政策压着，一旦政策放宽，房价还会继续飙升。而且政府不会让房子下跌，房价一跌，银行第一个遭殃，整个经济都会受影响，政府不会允许出现这种状况。所以，中国主要城市的房价只会涨，不会跌。

看跌的人认为，马云说8年后“房子将如葱”，李嘉诚卖掉了内地的房产。这些还不能说明问题吗？只要是泡沫，最终都会破灭，不可能无限膨胀，而中国的房产泡沫实在太大了。一套700万元的房子，在美国资本回报率很低的城市之一的旧金山仍然可以租到2.5万元/月，在上海只有7000元/月。这样的情况怎么可能持续？任何事情在没发生之前大家都以为是不可能发生的。次贷危机之前，美国房市不也是年年疯长、全民抢房吗？当时不也是人人都觉得房价永远不会跌吗？最后的结果大家都看到了。而且，如果房价再这么涨下去，没人会专心做实体经济了，全民炒房得了。到时候，中国经济就要垮了，政府决不会允许这样的情况发生。所以，2016年中央经济工作会议已经明确地提出“房子是用来住的，不是用来炒的”,“炒房”将变得越来越困难。而且，中国的工作人口和总人口也将在2030年左右达到顶峰，如果届时通胀停止，政府再推出“房产税”，那么“房子如葱”的情景将指日可待。

如果连专业投资人也无法达成共识，那么普通老百姓就更难判断未来房价的走势了。事实上，没有人可以确切知道未来会发生什么，任何一个新政策的出台都可以彻底颠覆我们对市场的所有预期，所以，我们只能为未来可能发生的一切情况做好准备。

假设中国房市在未来10年不断上涨，但是你一直没有一套自住房，你会是什么感受？对一些人来说，他们会极端焦虑，因为有一套自住房对他们来说是刚需，意味着稳定、安全、身份、生活质量、孩子的教育等。对这些人来说，没有自住房，他们的安全感和幸福感会特别低。但是，对于另一些人来说，这并不是什么太大的问题，他们早已做好长期租房的准备了。既然花很少的钱就能租到高质量的房子，而且想换就换，毫无牵绊，为什么一定要买房呢？还有些人更潇洒，索性搬离了大城市，到自己真正喜欢的地方去自由地享受生活。

反之，假设中国房价在未来10年狂跌了40%以上，有自住房的你会是什么感受？有的人会痛心疾首，想着自己和全家人多年来勒紧裤腰带做房奴、还贷款，错过了很多人生乐趣，太不值了。有些还没还清贷款的朋友可能会因为无力还贷而被银行没收房子，多年来的辛苦都打了水漂。当然，也有些人会默默认栽，因为他们当初买房子的时候就已经为房价下跌做好心理准备了。对这些人来说，为自己和家人营造一个稳定的家比什么都重要，花多少钱都值得。

总之，目前的中国房市并不是让人最省心的，泡沫太大，前景也不明朗，无论买还是不买都将面临巨大的风险。所以，最终的决定还是取决于自住房对你有多重要，你愿意承担什么样的风险，或者你不愿意承担什么样的风险。

资产增值类房产投资

所谓资产增值类房产投资，简单来说，就是你觉得房价会涨，所以进行投资，目标是在卖房时获利。既然是纯粹的投资行为，那最重要的决定因素就是你觉得房市未来是涨还是跌（当然，还要考虑你是否有更好的投资途径）。

如果你对于未来房市的走向持非常肯定的看法（无论看涨，还是看跌），那么你的决定也是显而易见的。

如果你目前正处于举棋不定的阶段，那么套用我的一位专业投资人朋友的话来说："如果不确定，那就不投。"

如果你长期看跌，而且手上已经持有多套投资房产，那么，请记住巴菲特的名言："大浪过去，才知道谁是真正的裸泳者。"如果你不想留到最后为泡沫买单，就要趁大浪未过，赶紧穿衣服上岸，让赚到的钱落袋为安。与此同时，这也是我们一定要分散资产配置的原因之一。万一中国房市大跌，只要我们还有相当比例的其他资产（比如现金、海外资产等），就能避免所有的鸡蛋全打碎的局面。

固定收益类房产投资

所谓固定收益类房产投资，简单来讲，就是买套房租出去，从中获利。在国内的主要城市，绝大多数人买房都不是为了租金，因为资本回报率实在太低了，只有 1%左右，毫无吸引力。在美国，不少城市的资本回报率还是比较合理的，有些地方可以达到 7%~12%。

这个市场最大的优点就是竞争小、技术含量低，没有太多的专业投资人，大家都是“个体户”业余操作，所以对个人投资者还是非常友好的。

这个市场最大的缺点是：

第一，资本投入高和流动性差。做房产需要较大的资金投入，而且流动性比较差，所以适合有一点儿“闲钱”的人，不仅付得起首付，而且万一房子几个月租不出去或者自己暂时失业也能还房贷。2008 年金融危机的时候，就有大量财务状况不过关的人因为之前盲目置产，还不起贷款，所以房子被银行收走了，自己也无家可归，流落街头。

第二，人工投入高。我的一位专业做房地产的朋友说，做房地产租赁就要愿意“撸起袖子做粗活、脏活”。毕竟这不是整天打扮精致地坐在有空调的办公室，你可能会遇到很多困难：装修队延误工期，房客半夜打电话来说厕所管道爆了，房客拖欠房租等。这些事情都很不光鲜，却是必经的困难。当然，你也可以外包这些脏活、累活，做一个甩手房东，但这会大幅降低你的收益。

第三，资本回报率不高。这个特点在国际一线城市尤为明显，因为一线城市的房价涨幅一般远远超过房租涨幅，所以资本回报率很少超过 6%，比如东京为 5.5%，纽约为 5%，旧金山为 5%，伦敦为 4%，香港为 2%，中国北、上、广更低，只有 1%左右。所以，在一线城市买房，一般都不是为了租金。相反，在一些更小的城市可以获得更好的资本回报率。而且，一般户型越小，资本回报率越高。

需要指出的是，我接触过很多个人房产投资者，他们手上都已经攥着好几套房却还不会算资本回报率，所以常常高估或低估自己的回报率。这一点让我很吃惊。如果一个投资者连自己的投资回报率也算不清，他又如何能够在不同的投资机会之间做选择呢？所以，接下来，就让我们学习一个简单计算资本回报率的方法。

资本回报率是衡量投资回报的一种方法，计算公式为：

（年租金–年运营费用）÷ 房价

比方说，旧金山一套 50 万美元的房子一年可以收 3.5 万美元的房租，但每年还有 1 万美元的运营费用，这些费用包括但是不限于（所有数字均为虚构）：

- 房产税：按 1%算就要 5000 美元 / 年。
- 装修清洁：美国房东在新房客入住前一般会请装修公司粉刷墙壁，洗净地板，换掉破损的地板，换掉老旧的家电，考究一点的还会彻底翻新厨房和浴室等。这些费用需要房东先承担，然后平摊到之后许多年的运营费用中。
- 日常修理：水管爆了，下水道堵塞了，地板破了等。美国的人工费用很高，上门修理一次至少几百美元。
- 水费：美国的水费一般由房东承担。
- 垃圾费：美国倒垃圾也有费用，也是房东承担的。
- 物业费。
- 保险。

3.5 万美元房租减 1 万美元运营费用，再除以 50 万美元的总房价，是 5%。也就是说，这套房产的资本回报率为 5%。

请注意，资本回报率的计算完全剔除了杠杆（贷款）等财务因素对于回报的影响，因为再烂的资产，我们都可以用杠杆来提高回报，但是这样做风险很大，也无法客观衡量一项资产本身的质量。所以，在权衡是否投资某一固定收益类房产时，请用资本回报率计算，剔除杠杆因素。

股票

大多数人都经历过的炒股误区

相信很多人还对2007年和2015年股灾前全民炒股的盛况记忆犹新。当时，每个人都是“股神”，都有“消息”，都会看各种曲线图，也都对股市的涨跌乃至某只股票的走势有自己的见解。结果，不过是一场全体散户做“接盘侠”的惨剧。

股神巴菲特在2013年的致股东的信中说，普通百姓的投资目标不该是挑选绩优股。我的一位基金经理朋友说得更直白：“论挑股票，普通人很难胜过专业投资人。”专业投资人有专业的财务训练，丰富的尽职调查经验，广博的行业知识，雄厚的研究资源，充足的人脉，灵敏的市场嗅觉，并且全天候地处于狩猎状态。普通人要想在选股上赢过这些专业投资人，就好比一个业余喜欢练练跑步的人想要跑赢专业运动员一样难。

我曾听说国内有一家投资教育机构，打着“跟我学炒股，我让你发财”的口号，把炒股说得跟进菜市场一样容易，极具煽动性。很多人禁不住诱惑，从花几百元听一次讲座，到花几万元请专家一对一咨询，甚至交了几十万元的贵宾会员费，不断地用自己的血汗钱甚至养老钱交学费，希望能掌握发财的秘诀。这家机构在最后被查处的时候，已经搜刮了近 30 亿元的学费！当听到这个故事的时候，我是无比震惊和心痛的。这 30 亿元背后有多少股民的悲痛欲绝，有多少家庭的分崩离析啊！

巴菲特的黄金搭档查理·芒格说，投资非常不容易，任何告诉你投资很容易的人都是笨蛋。阿顿还加了一句，这个人如果不是笨蛋，就是骗子。股市（主要是选个股）不是一个人人都可以赚钱的地方，有人赢就有人输，就像罗马角斗场一样，不是人人都能活着出来的。除非你具备出众的基本素质，有高人愿意指点你，并且愿意百折不挠地磨炼你的投资技巧直至成功，否则我不建议大家轻易尝试用选个股的方式炒股票，就像我不会建议所有人都走进罗马角斗场一样。

那么，普通人是不是就该远离股市呢？当然不是，那样做无异于放弃了一座金矿。在过去 100 年，股市是美国市场回报率最高的地方，超过债券、房地产和大宗商品市场。在中国，虽然在过去几年股市并没有跑赢房市，但是只要中国经济持续发展，股市就会不断攀升。

所以，虽然我不推荐普通人通过挑选个股的方式来试图跑赢专业投资机构和大盘，但是我非常推荐大家学会理财，借力经济的发展和股市的长期攀升来积累自己的财富。

那么，如果不挑选个股，我们该买什么呢？其实巴菲特在 2013 年的致股东的信中已经给出了答案。他说，普通百姓的投资目标不该是挑选绩优股，而应该是拥有一篮子的跨行业企业的股票，而拥有一篮子跨行业企业的股票的最好的办法就是购买指数基金。巴菲特不仅说到，而且做到。在 2014 年，他宣布，在他去世以后，他留给夫人的一只信托基金只能买指数基金。

也许有人会说，指数基金只能获得市场平均收益，而我想要获得超过大盘的收益，所以我选择主动型共同基金，目的就是跑赢指数。锐联资产管理有限公司（Research Affiliates）的创始人罗伯特·阿诺特用了 24 年研究这个课题，得出的结论是：在长期持有中，96% 的基金无法打败指数基金。也有数据称，这个比率在 85%~95%。总之，能够长期跑赢指数基金的共同基金是极少数，这在投资界其实是一个公开的秘密。

摩根大通的首席执行官玛丽·爱多士说："在市场信息不透明和操作不规范的前沿市场里，共同基金还是有机会跑赢指数基金的。"这也是在过去的中国，很多共同基金还是能跑赢指数基金的原因。但是随着中国市场不断成熟，跑赢指数基金将会变得越来越困难。早在 2014 年初，国际权威基金评级机构晨星就发表了评论："过去两年，战胜沪深 300 的主动型基金急剧减少。"而且，即使有少数基金经理能够长期跑赢大盘，这也涉及我们会不会挑选好的基金经理，如何识别收益的计算方法和计算周期，基金经理同时管理多个基金，把收益让给"旗舰基金"来打广告，风险调整后的收益，基金的费率，更换基金经理等一系列问题。对于普通人来说，这又是一个水很深的话题，很难辨别，也很容易上当受骗。既然挑选好的共同基金的水如此之深，而且绝大多数共同基金无法在长期表现中打败指数基金，那么，对于绝大多数人来说，购买大盘指数基金就是一个稳妥高效的方案。

在美国，指数基金的优势更明显，因为：

第一，在美国，指数基金的费率远低于主动型基金，因为指数基金不涉及“选股”。而在中国，过去很多年里，指数基金和主动型基金的费率不相上下，这是非常不合理的。现在，国内有很多新发行的指数基金的费率可能便宜一半，请大家在购买的时候注意一下。

第二，美国有资本所得税。短期资本所得税（买入、卖出在一年以内）和你的个人所得税率是一样的，长期资本所得税（买入、卖出在一年以上）则降低到 20%（这是联邦税，还要加上州税）。指数基金不会频繁买入、卖出所持有的股票，所以你的收益很可能只要缴纳长期资本所得税。主动型基金会频繁买入、卖出所持有的股票，你需要缴纳很高的短期资本所得税，所以，购买指数基金可以省掉很多税。

指数基金的配置

指数基金有很多，我们应该如何配置呢？还是那个原则：分散，分散，分散。

首先，请买大盘指数基金（沪深 300、上证 100、标普 500 等），对于一些过于“集中”的指数基金，比如行业基金（××消费行业股票、××医疗保健股票等），或者构成参数过小的指数基金（××民企 50ETF[①]、××基本面 60ETF 等），要谨慎对待。大盘指数是绝佳的“分散配置”，既然我们没有选股能力，就不要把鸡蛋都放在某个行业

① ETF，即交易型开放式指数基金。

或者某些“精选”企业中，把握住大盘就是把握住经济的整体。

其次，请购买你长期看好的市场的大盘指数基金。比如，如果你长期看好中国经济，那么你可以买一些跟踪中国大盘（沪深 300、上证 100 等）的指数基金。需要注意的是，中国很多新经济的“领头羊”企业并没有在国内上市，比如腾讯、阿里巴巴、京东、携程、网易和爱奇艺等。也就是说，假设你买了一只追踪沪深 300 的股指基金，以为你投资的是中国长期的经济增长，但是，你会错失这些中国最优秀的团队管理的成长最快的企业。所以，大家可以考虑在资产配置中增加一些追踪这些中概股的基金。

最后，可以购买一些美国的股指基金，比如追踪标普 500 的股指基金。标普 500 涵盖了在美国上市的 500 家大型企业，横跨各大行业，采样面广，代表性强。这 500 家企业绝大多数都是像苹果、微软、脸谱网、亚马逊、强生这样的跨国巨头。它们代表的不仅仅是美国经济，更是全球经济的缩影，可以极大程度地分散你的投资风险，避免把所有的鸡蛋都放在某一个国家或者地区的经济上。国内也有追踪美元指数的股指基金，大家可以直接购买（请注意这类基金的费率，尤其是申购 / 赎回费）。同时，如果海外消费比例比较高的朋友（如出国旅游、求学、海外购物等），也可以考虑兑换一部分美元直接通过海外券商购买，这样就可以分散人民币汇率波动对你的资产和生活质量的影响。

在正确的时点买入、卖出是获利的关键

在组建了一个高质量的资产组合以后，我们还需要学习如何在正确的时点买入和卖出，才能保证获益。否则，哪怕有再好的资产配置，我们还是很有可能亏钱。

大多数人都知道低买高卖原则，但是在现实生活中，高买低卖才是散户投资者最常见的状态。当股市不断上涨时，受利益驱动，很多人开始在机构获利撤出的高点大量买入，成了勇猛的“接盘侠”。当股市狂跌30%甚至更多的时候，很多人眼看着自己的血汗钱一天天快速蒸发就坐不住了，于是在机构大量低价买入的时候清仓，错过了拉低投资成本的绝佳机会。

这样的心理也造成了一个很有趣的现象：很多基金本身表现不错，但它们的很多投资人却是亏钱的。这是因为很多投资人喜欢查看基金的短期表现，当发现一只近期表现良好的“明星”基金时，就以为找到了聚宝盆，于是高点买入；当基金表现“欠佳”的时候又卖出了，一买一卖之间收益就会下降甚至亏钱，也错过了在低点购买拉低投资成本的机会。

那么，我们如何才能在正确的时点买入和卖出呢？

这样买基金可以便宜50%

还记得资产配置的原则“分散，分散，分散”吗？其实，这个原则也适用于“时间”配置。我们永远无法知道接下来会发生什么，也无法踩准股市的高点和低点，所以从长期来看，对我们最有利的买入

方式就是定投：每个月 / 季度以固定金额买入同一只基金，来拉低平均购买成本。

假设，我每个月以 1000 元定投购买一只基金。这只基金第一个月的购入价格为 50 元，第二个月的购入价格为 10 元，请问我的平均购买价格是多少？

很多人可能会说：这个容易，30 元。其实不是。第一个月，你用 1000 元以 50 元一股买了 20 股。第二个月，你用 1000 元以 10 元一股买了 100 股。也就是说，你总共用 2000 元买了 120 股，那么平均购买价格其实是 16.7 元，比我们以为的 30 元低了近一半！

为什么会出现这种状况？因为我们定投的是固定金额，也就是默认当资产贵的时候少买点，而当资产便宜的时候多买点，拉低平均购买成本。

要让定投最大限度地发挥作用，我们就要坚持定期买，无论股市涨到多高或者跌到多低，你都要咬着牙买，风雨无阻。最好是设立自动定投，不要让个人的判断混淆视听，完全隔离个人判断对定投的影响。

投资大佬的资产管理秘诀

很多人都听过一个词叫“长期持有”，这个观点的依据是“股市长期总是往上走的”。也就是说，我买了一只指数基金之后，一二十年，甚至更久也不看它一眼，并且无论涨跌，都不卖。虽然理论上没错，但是从现实来讲，大多数散户都没有“10 年不动”的定力，而且市场永远是有周期和波动的，这种简单、被动的资产管理方案会错过很多在股市高点获利和低点买入便宜资产的大好机会。中国股市在2007年达到6000点，至今也还没有回复到当年的高点。如果当时没有卖出获利，就白白浪费了10年让复利发挥作用的机会，非常可惜。

接下来，我就给大家介绍一个连雷·达里奥、卡尔·伊坎、大卫·史文森这样的投资界传奇都在使用，而我们普通人也非常容易操作的资产管理技巧。用这个技巧配合"长期持有"的思路，就可以既把握股市长期增长，又可以利用中短期波动来最大化收益。这个技巧就叫作再平衡。

再平衡的概念是这样的：定期平衡资产配置，卖掉上涨的资产（高卖），买入下跌的资产（低买），保持最初的资产比重。这个概念可能比较抽象，让我们来看一个例子。

假设我有价值2000元的资产，由两只相同价格的基金等比组成：

- 50%基金A：10元×100股＝1000元
- 50%基金B：10元×100股＝1000元

一年后，基金A的价格暴涨到20元，基金B跌到5元，所以这时的资产总值就上升为2500元：

- 80%基金A：20元×100股＝2000元
- 20%基金B：5元×100股＝500元

如果我要再平衡，就需要卖掉价值约750元的基金A，并买入价值约750元的基金B，这样我的资产配比就又回到了最初的50/50的比重：

- 50%基金A：20元×62股＝1240元
- 50%基金B：5元×252股＝1260元

很多朋友乍一听这个做法可能觉得很不可思议：卖了最赚钱的，买入价格大跌的，这不是很不合理吗？是的，真正的“低买高卖”就是这么违背直觉的，否则，也不会出现80%以上的散户都亏钱的状况了。再平衡最大的好处是帮我们克服“追涨杀跌”的心态，隔离个人判断对“买卖”的影响，以专业投资人的姿态适当卖出赚钱的资产来锁定获利、降低风险，同时买入低价的资产来拉低购买价格。

关于再平衡的时间间隔，这个不是确定的，主要以个人风格为准。有的投资人喜欢一年甚至更久做一次再平衡，让他的“赢家”资产有充分的上涨空间。有的投资人会半年甚至更短时间做一次。我更倾向于一年一次，让你的“赢家”有机会多涨一点儿，让“输家”有机会多跌一点儿。在国内，很多基金如果在一年内赎回，会收取非常可观的“赎回费”，我们应该尽量避免交这些不必要的费用。

在美国，基金没有“赎回费”，但是有资本所得税，所以再平衡的期限建议在一年或者以上，以避免缴纳高昂的短期资本所得税。事实上，因为资本所得税的存在，“长期持有”这个概念在美国要比在中国有吸引力，个别特别有定力的投资者真的会买些股票或者基金，然后就扔在一边几年甚至几十年不再买卖，避免缴纳资本所得税。资本所得税对于收益的侵蚀是巨大的，所以，在美国的朋友请尽可能用足所有的优惠税收账户额度，比如401k、IRA（个人退休账户）、HSA（健康储蓄账户）等，利用法律法规来合理避税，增加财富。

资产配置的艺术

不“押宝”，为所有经济环境做好准备

一次，朋友和我讨论一个投资项目，问我投还是不投。关于项目本身，我一个字也没问，只问了一个问题：“如果投了，你的整体资产配置和谐吗？”作为专业投资人，她立刻明白了我的问题，一想，就放弃了这个项目。因为这个项目虽然诱人，但是和她现在已有的资产相关性非常高，又占了她总资产非常高的比重，等于把鸡蛋全往一个篮子里塞，万一经济环境一变，所有的鸡蛋就全碎了。

哈里·马科维茨提出：“资产配置就像一个交响乐队，不要简单地衡量某一个投资产品的风险和回报，而要学会聆听一揽子资产在各种环境中的整体表现。”

不同的资产有不同的特性，也有自己最适宜的土壤。大多数人在一生中会经历所有的经济环境，而且我们无法预知下一个经济转向何

时会到来，也许一夜之间，一切就都变了。这也是为什么广大理财专家和专业投资人再三告诫我们，要“分散，分散，分散”资产配置，不要把鸡蛋都放在一个篮子里，整体把握你的资产，追求长期收益的最大化，而不是阶段性大起大落。只有这样，我们才能以一种舒适平和的心态面对你的投资，而不是天天祈祷着你的“赢家”资产不要跌。任何资产都会有骤然大跌的一天，到那天，你会非常庆幸你的资产配置是分散的。

根据自身风险偏好配备相应的资产

除了经济环境的影响以外，在配置资产的时候，我们还需要考虑资产本身的风险和你的风险偏好的匹配度。有的资产属于高风险、高收益型的，比如股票。有的资产属于低风险、低收益型的，比如理财产品、银行存款、货币基金等。在这里，我们首先要明确什么是高风险、什么是低风险、什么是高收益、什么是低收益。

简单来讲，所谓高风险其实就是短期大幅波动，而低风险就是短期小幅波动。所谓高收益是指较高的长期预期收益，而低收益就是较低的长期预期收益。一般来讲，高收益对应着高风险，低收益对应着低风险，不存在高收益、低风险的资产。

但是，请注意风险是用短期波动衡量的，而收益是用长期预期收益衡量的。这一点非常重要，因为这意味着，如果你是一个很快就需要用钱的短线投资人，那么短期大幅波动对你造成的影响会非常大。想象一下现在是 2015 年股灾前夕，你所有的钱都在股市里，而你准备退休等。相反，如果你是一个长期投资人，短期内并不需要这些钱，那么短期的波动对你并不会造成太大的影响，因为你可以死捏着这个暂时输钱的资产等着它上涨，不论是 10 年还是 20 年，你更看重的是长期的高收益（本原则主要适用于指数基金，有些资产，比如个股或者股权投资，一旦企业倒闭就根本没有翻本的余地）。

一般来讲，年轻人的抗风险能力会强一点儿，因为万一投资失败，他们还有很多时间可以靠工资或者投资把输掉的钱慢慢地赚回来，而且因为他们还有工资，不需要动用本金来维持生计。这也是为什么很多理财专家会建议年轻人买较高比例的高风险、高收益资产，比如股票。在美国，过去 100 年，股票是收益最高的资产，标普 500 的长期收益率约为 10%（国内股市暂时还没有长期数据），而债券等固定收益类产品的收益率约为 5% 。对一个年轻人来说，只要买 60% 的股票，加上 40% 的固定收益产品，就可以实现 8% 的长期预期收益率。

老人则恰恰相反，一旦投资失败就毫无回本之力，因为他们不仅没有工资来补充本金，还需要继续提取本金来养老。在这种情况下，老人的资产会快速缩水，原本够用 30 年的资产可能 5~10 年就用完了。所以，老人在理财时一定要求稳，减少甚至放弃高风险的资产配比，大幅增加低风险资产的比例，保住本金是第一位的。对老人来说，在目前的环境下，80% 的固定收益产品＋ 20% 的股票就可以实现 6% 的预期收益率，安全性较高。

当然，除了年龄因素，每个人的风险偏好也是不同的。我有一个朋友说，不要说买房、炒股票了，他连理财产品也不相信，所以他所有的钱都存了银行定期，只有这样才安心。但是他特别相信创业，愿意把所有的积蓄都用来创业，因为他的经验、人脉和专业度可以大幅弥补风险，这就是他独特的风险偏好。

每个人的人生际遇、风险偏好、抗风险能力都是不同的，没有人可以告诉你该如何安置你的钱，只有你自己知道。所以，深入了解各种资产的特性，学会整体配置你的资产，用最适合你的资产配置来实现合理的长期收益，然后每晚安心入眠就是一个非常理想的结果了。

庞氏骗局，不得不提的痛

几年前，我在上海休假，在商场被人塞了一张P2P（点对点）公司的传单。那个时候P2P刚兴起，我也是第一次听说这种模式，很好奇，就打电话咨询了一下。

接电话的销售员非常热情诚恳地告诉我说："我们公司信誉卓著，在央视等多家媒体有广告和赞助。创始人是某银行的资深风险控制专家，特别重视风险管理，还有一大堆荣誉头衔。我们自创始以来，客人从来没有亏过钱。我们在银行里有1000万元的保证金，如果出现坏账，我们会先用这笔保证金里的钱垫付，而且你可以实时查询这笔保证金的余额。你正巧赶上我们在做周年庆活动，公司为了答谢新、老客户，提供了数码产品等丰厚的奖励。很多老客户都借着这个机会追加投资，我们刚签的几份合同均为数百万元金额。"

最后，销售员还非常真诚地告诉我，他原来是做医药销售的，现在跨界到P2P做销售就是相信它是未来的发展方向，也特别相信这家公司和这个创始人的信誉。

说实话，他当时的说法还是把憨厚的我说得有点热血沸腾。但是我毕竟有些金融常识，所以总觉得有些不对劲儿。

第一，创始人是风险控制专家？我去网上查这个创始人的背景，一个30岁刚出头，只在银行做过4年的家伙就称自己为“风控专家”?!我当年在银行的时候，掌管风险控制的可都是入行20年以上的老员工！

第二，信誉卓著？在央视打广告，一大堆不知道哪里颁布的荣誉头衔只能说明他们不遗余力地通过花钱来扩大公司的影响力，并不能证明公司有信誉。

第三，最关键的是，这个商业模式我实在看不懂。我给那家公司算了一笔小账，贷款出去的利率是25%，给存户的利率是15%，中间有10%的利润空间。就算它能把所有的钱贷出去，而且没有任何坏账，一年也不过上千万元利润。我再去查它的融资信息，没有查到任何信息。也就是说，它很可能没有风险投资这样外来的资金来支持扩张。那么，仅靠现在的利润规模竟然敢在央视黄金时段大打广告？给客户大送礼物？在全国各大城市设有50个经销处？还有众多销售人员为我们这些小老百姓提供私人银行般细致周到的咨询服务？我实在看不懂。

于是，我没投钱。再后来，我果然找不到这家公司了。

所谓庞氏骗局，简单来讲就是“拆东墙，补西墙”。它们没有实体的赢利模式，只是利用新客户的钱来向老客户支付利息和短期回报，以制造赚钱的假象，进而骗取更多的客户，最后卷钱走人。这种骗局可以用在花式繁多的商业模式上，如基金、P2P、保险或传销等，近年来在国内非常猖獗。

庞氏骗局性质恶劣，受害者人数众多，数额巨大。要识别它们就需要掌握它们的主要特征。

第一，极具吸引力的回报，远超市场上的同类产品，而且有异乎寻常的低风险，提供保本、隐形保本或部分保本等各种保障，完全是"你赚钱、我担险"的架势。比如"我们的投资人从来没有亏过钱"，或者"每年保证给你大盘收益＋10%的收益"等。在2008年震惊世界的麦道夫案中，美国著名金融界巨头，纳斯达克前主席麦道夫凭借"每年10%"的回报承诺最终让投资者蒙受了500亿美元的损失。

当我们听到这些高收益、低风险的承诺时，请想一下，如果其做不到，谁最后会为这么高的承诺买单？

第二，对扩张有异乎寻常的兴趣。因为庞氏骗局要用大量新客户的钱来支付老客户的利息和本金，以及高昂的销售开支，而且很多都是赚一票就卷钱走人的心态，所以庞氏骗局必须不断吸引大量的新客户。最常见的现象是在没有外来融资(比如风险投资、股权投资)的情况下，有着和自身规模完全不相符的销售与市场开支，有些还会以非常高的收益来鼓动老客户带新客户来。这时，请想一下，它们哪里来的钱和底气这样疯狂扩张？

当然，也有少数段位很高的诈骗者反其道而行，用高门槛来吸引投资者。比如麦道夫从一开始就设立了"非请莫入"的政策，只有经过邀请的投资者才能成为他的客户，他的最低投资额也从最初的100万美元上升至1000万美元。这种做法反而让很多富人觉得把钱交给他管理是一种身份的象征，所以争着要把钱交给他。

第三，商业模式经不起推敲。庞氏骗局不是真正的商业，所以它们的赚钱方式永远经不起推敲。比如一些P2P公司疯狂吸收投资，却没有渠道把钱贷出去；一些传销公司一味大力“发展下线”，却看不到有人真的在用它们卖的产品等。如果仔细观察这些商业模式，你会发现很多根本经不起推敲的漏洞和疑点。

至于麦道夫的手段就更高了。他几十年来“从不输钱”，根本不受任何金融周期和危机的影响，而且他从不解释自己的投资策略，一般人很难从他的暗箱操作里看出问题。但还是有人早在1991年就预言麦道夫是骗子，因为他发现麦道夫的审计是他的一个老朋友做的，而且他提交的很多交易记录和证券交易所当日的记录完全对不上。果然，再狡猾的狐狸也会露出尾巴。

请大家谨记天上不会掉馅饼，如果遇到高收益、低风险的投资项目，请用上述三大特征反复比对，一些手段拙劣的庞氏骗局很快就会露出自己的真面目。如果还是不确定，那么，我建议情愿不投，也不要用你的血汗钱去冒险。你也许会错过一些罕见的“聚宝盆”，但是更多地会避免上当受骗。与此同时，很多庞氏骗局会专攻有点儿闲钱但是没有金融常识的退休老人，所以请将庞氏骗局的真面目告知你的父母，避免老人上当受骗。

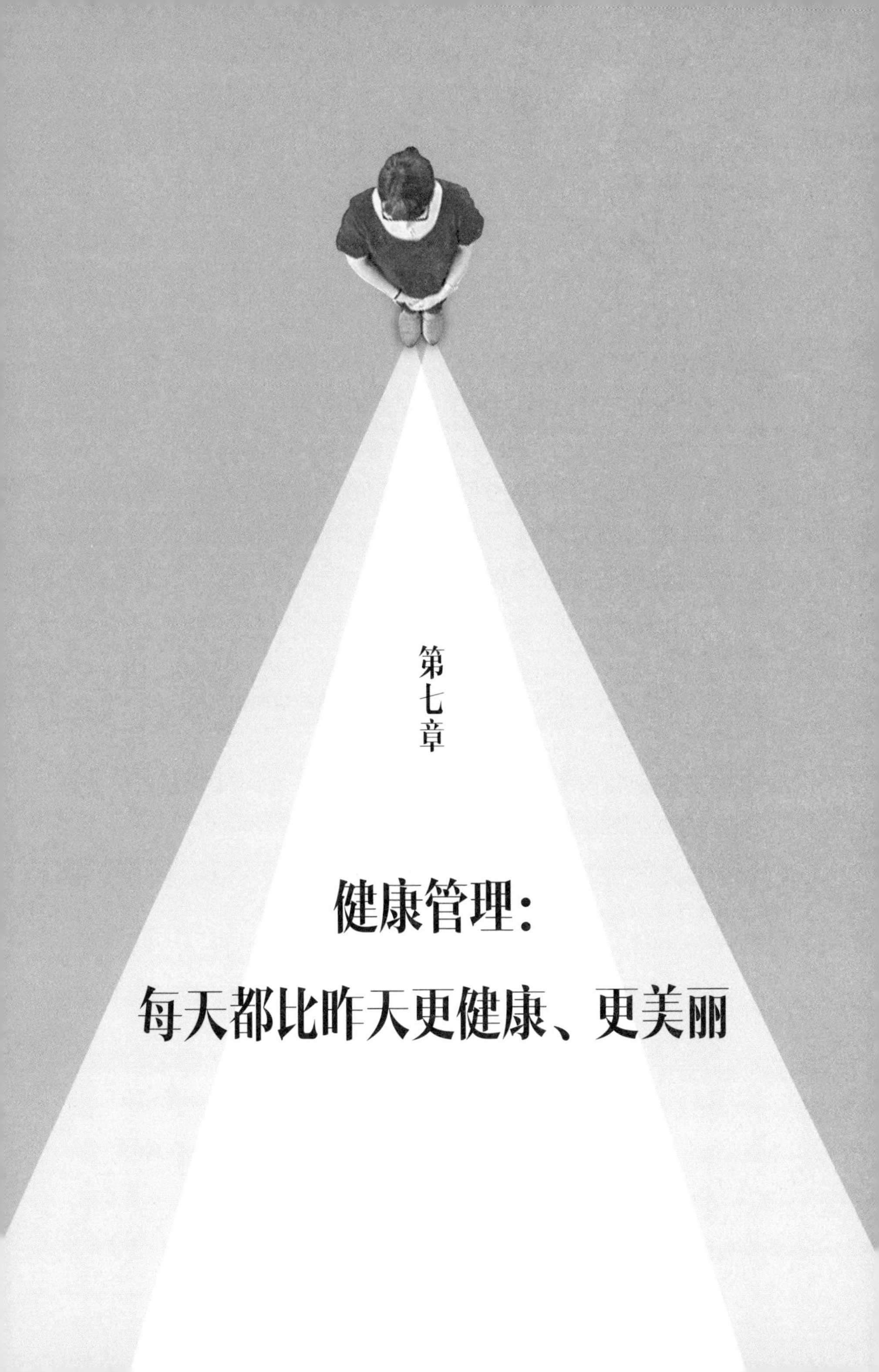

第七章

健康管理：每天都比昨天更健康、更美丽

本章导读

保持健康其实并不难，只要我们掌握身体的规律，养成科学良好的生活习惯，就能逆生长，每一天都比昨天更健康、更美丽、更精力充沛。

如果我们把健康作为一个单独的生命轮来看，那么精神生活就是它的轴心，带动整个健康轮转动，它再加上高质量的睡眠、营养和运动，就能打造一个欢乐滚动的健康轮，焕发生命的光彩。

本章要点

- 当我们打造了一个欢乐滚动的生命轮，高质量的精神生活就自然而然地来到了。
- 良好的睡眠可以帮我们每天及时修复身体的各项机能、记忆以及情绪，以焕然一新的状态迎接每一天的新挑战。
- 营养不是吃什么，而是吸收了什么。养好肠胃，才能为身体提供充足的养料，并及时排出毒素，增强免疫力。
- 注意饮食摄入，充分利用强健的肠胃来摄入健康养分，为身体加足油。
- 运动是保持充沛精力的关键。找到适合你的运动，以最佳心率水平重塑你的心肺功能，全面提升精力水平。

如何让亚健康“触底反弹”

二十几岁时，我完全没把健康保养当回事：熬夜加班是常态，周末参加派对至清晨是家常便饭；饮食也不忌口，碰到喜欢的食物就大吃特吃；更不爱运动，健身房一年去两次，每次 20 分钟……

当时，我觉得这样的生活方式很正常，甚至很健康：我既不抽烟不喝酒，又不挑食；平时工作累了，周末就补补觉，再通过派对放松一下。我的很多朋友都是这种状态，所以我并不觉得有什么不妥。而且二十几岁时，我的身体还不错，很少生病，即使偶尔因为连续加班而感到疲劳，周末睡一觉便能很快调整过来。这样一来，我就更不觉得有保养的必要了。

然而，步入 30 岁以后，我才真正明白那句老生常谈的话——“身体是革命的本钱”。我开始越来越明显地感受到以前仗着年轻，过度消费身体本钱的后果。

- 体质变差：我以前很少生病，现在却像林妹妹一样，吹吹风就感冒，稍微疲劳一点儿就又感冒。更严重的是，一点儿小毛病经常让我好几周都下不了床。
- 睡眠问题：虽然我从小睡眠就浅，但是能睡整晚。现在却开始失眠，每晚断断续续只能睡上 2~4 个小时，服用大量褪黑素也无济于事。于是，我整天无精打采，很难集中注意力。有一次，在开电话会议时，长期缺觉的我耐不住电话另一头的唠叨，差点儿睡着，头一歪后猛然惊醒，一抬眼便看到同事不可置信的眼神。我当时简直想挖个地洞钻进去再也不出来了……
- 皮肤问题：年轻时，我就是痘痘肌。当时，我总觉得这是青春期的激素问题，年纪大了自然会好。但是现在不再青春的我，脸上依然不断地长痘，甚至愈演愈烈，经常是满脸大包，每周做昂贵的脸部护理也无济于事。而且我的皮肤变得非常敏感，稍微一刺激，就会引发不良反应。太阳晒多了要长痘痘，上了粉底要长痘痘，游泳之后要长痘痘，甚至在电脑前工作久了也要长痘痘。

这时，我才意识到问题的严重性。我这么年轻，身体就开始走下坡路，这怎么行?!我下定决心要扭转亚健康状况，找到一套从根本上增强体质的养生方案，激活身体的自我修复机制，重新焕发生命的活力。

在接下来的几年里，我开始潜心研究健康保健。

- 制订方案。我阅读了大量欧美健康专家的保养著作，进修了各类养生课程，还考了一个营养学证书。在这个过程中，我尝试了大量前沿的健康生活理念，并仔细观察身体的反应，筛选出最有效的方案。渐渐地，我建立了一个养生系统。
- 调整系统。我身边有许多我非常信任的健康达人——瑜伽老师、健身教练、美容师、人生教练、愈合治疗师、按摩师等。他们的健康状态是我梦寐以求的，我也知道他们的健康和美丽并非仅仅因为基因优势，而是长期锻炼和保养的结果。因此，我会和他们交流我的健康问题以及解决方法，倾听他们是如何解决这些问题的，并一起探讨一些前沿理念的优势与劣势，博采众长。
- 专家加持。我请了一位知名的营养学专家进一步给出专业的调养方案，从底子上补齐我多年来消耗过度的营养储备，给身体加足油。
- 中医把关。经好友力荐，我请了一位中医博士为我定期做针灸推拿，维持身体的最佳状态。同时，我也常和他切磋我学习的欧美健康理念，邀请他为我的保养方案把关，力求做到大方向上正确，并且在细节上取中西之精华。

经过不断地学习和实践，我终于建立了一整套高效、实用、简单易行的保养方案。这个保养方案已经完全融入我的日常生活，成为必不可少的一部分，我的健康也终于“触底反弹”，找到了正确的方向。

现在的我一扫以前的林妹妹体质，很少生病，已经平安度过多年的流感季节了。关键是精力充沛，我每周工作 80 小时照样神采飞扬。睡眠问题不再困扰我，我天天一觉睡到自然醒，微笑开启美好的一天。我的皮肤也重新焕发光彩，有一次做直播的时候还被观众表扬皮肤好。

曾经一度失去健康的我深知健康的重要性。现在失而复得，我就像呵护传家宝一样小心翼翼地呵护着它，再也不愿意承受失去它的痛苦。现在，我就把这个扭转了我的亚健康状态的养生方案分享给大家。

睡眠：四招让你一觉睡到天亮

睡眠专家柯克·帕斯利医生指出，长期缺觉的人会产生诸多健康问题，比如免疫力下降、激素失调、发胖、疲劳无力、判断力和记忆力减退、情绪不稳定与加速衰老等。曾经长期失眠的我，很不幸地经历过这些症状中的大多数。优质睡眠真的是人体健康的支柱。睡眠质量好的人，哪怕工作辛苦点儿，压力大些，都可以在深度睡眠中及时修复身体，恢复元气，第二天继续容光焕发地工作。而睡眠不好，哪怕身体底子再好，也是在不断消耗自己的身体储备，直到筋疲力尽，然后就会出现各种健康问题。所以，那些为了工作甚至玩乐影响了宝贵睡眠的朋友（比如以前的我）简直就是在拿自己的健康甚至生命开玩笑。

我在与睡眠质量的长期抗争中逐渐摸索出了一整套高效实用的睡眠制度。通过严格执行这套制度，现在的我已经可以轻松做到天天一觉睡到大天亮，每天都能元气满满地醒来，为新一天的奋斗做好充足的准备。现在，我就与大家分享这套彻底解决了我的失眠问题的睡眠制度。

安个好家

从小到大，我搬过无数次家。渐渐地，我观察到我的睡眠质量和这些住宅有直接关系。

小时候，我住在一个热闹的居民区，每天5点都会被楼下垃圾车轰隆隆的声音和早起的邻居们叽叽喳喳的聊天声吵醒。我把整个头闷在被子里，想躲避这些声音重新进入梦乡，但是完全没用，只得赖到闹钟响才不情不愿地起床。

高中和大学我都住宿舍，五六个姑娘一个房间，大家感情非常好，每天有说不完的话，深夜畅谈更是家常便饭。而我只要有一点儿声音就睡不着，因此常常都需要苦等到深夜聊天彻底结束才能安心睡觉。

大学毕业后，我去了南非约翰内斯堡工作，居住的公寓酒店安静宽敞，视野开阔。我终于能不受干扰地睡足8个小时。于是我自以为睡眠问题再也没有了。但好景不长，离开非洲以后，我去了新加坡。我居住的公寓地处市中心，出行非常便利，但十分嘈杂。于是在新加坡的整整两年里，我每天只能断断续续地睡2~4个小时。我的身体开始不受控制地发胖，也经常无法集中精力。更糟糕的是，我的皮肤完全失去控制，冒出了一脸恐怖的痘痘，每周吃中药、做美容都救不回来，我彻底束手无策了。后来父母到新加坡看我，他们一进我自以为豪华宽敞的公寓就指着楼下车水马龙的大马路说："这里太嘈杂，对你的身体不好。"

吸取在新加坡的教训，后来在纽约找房子的时候，为了躲避吵闹的临街房，我矫枉过正地搬进了一套"面墙壁"的公寓。安静是安静，但是视野狭窄，终年晒不到太阳，通风不畅，室内缺氧，所以我整天都觉得昏昏欲睡。

后来我到了旧金山。在这么多年以健康为代价换来住房经验后，我终于明白了什么才是最有利于健康的家。我下定决心，这次一定要给自己安个好家！我的找房标准如下（一条也不能少）：

- 白天和晚上都十分安静，不要临街房；
- 居民区为佳，不住办公区、工业区、商业区（气场嘈杂）；
- 采光好，阳光充沛（阳光有巨大的正能量）；
- 通风好（保证室内空气质量好，氧气含量充足）；
- 视野开阔，视野里最好有大量绿色植物，保持好心情；
- 上下班交通单程不超过 45 分钟（通勤的便利程度直接影响我们的幸福指数）。

这样的找房标准的确比较高，因为美国的居住房几乎没有"小区"这个概念，都是独栋建筑，所以超过 70% 的房源都是面对马路的临街房，还有 25% 的房源是面墙壁的。除去临街房（吵闹）和面墙壁房（采光、通风、视野不好），剩下的房源少得可怜。但是我下定决心要给自己安个好家，因为我的睡眠质量和身体健康是最重要的。

我当年找房子的时候跑遍了旧金山，在看了近 50 套房子，差点儿跑断腿以后，终于找到一套完全合乎我全部标准的小公寓。过去几年，我每天都可以不受干扰地睡好觉，而我现在的状态也完全验证了我当初的找房标准的确对健康非常有益。

好的住房对于睡眠质量、身体健康，乃至生活质量都至关重要。请多花点儿精力给自己安个好家，千万不要将就。

规律、充足的睡眠时间

我从小就嗜睡，长大后还常常一睡就是 9~10 个小时 。虽然睡眠时间很长，但是我醒来后常常很疲倦，常常犯困。于是我开始研究睡眠理论，并开始观察自己的睡眠。我渐渐地发现，如果在 22：00 之前睡下，我一般可以睡一夜好觉，早上 5：00~6：00 就神清气爽地自然醒来，然后神采飞扬一整天。而如果我在 23：00 以后才睡下，那我一般会在早上 8：00 以后才不情不愿地被闹钟吵醒，而且一整天都疲劳乏力、无精打采，就像没睡够一样。

为什么第二天的状态会有这么大的差别？概括来讲，我们的睡眠可以简单分为两个阶段（其实实际的睡眠阶段要比这个分法复杂得多，这是简化版）。

第一阶段主要是深度睡眠，也叫“黄金睡眠”，这是我们睡得最熟的阶段，也是最佳的身体修复时间。在这个阶段，我们的体内激素在大量分泌，免疫力、体力、骨骼、肌肉在快速修复，消化系统在吸收营养、排泄废物等。深度睡眠的最佳时间在 0：00~3：00，如果在 0：00 或之前能进入深度睡眠就很容易修复你的体力和各项身体机能。当我们在 22：00 左右睡下，就能保证在 0：00 前进入深度睡眠。如果睡得太晚，错过了进入深度睡眠的时间，身体未被充分修复，长此以往，就会出现各种健康问题。

所以，很多睡眠专家都会推荐大家 22：00 左右上床睡觉，我的实际经验也验证了这个推荐的有效性。大家可以仔细观察一下不同入睡时间和第二天的感受，找到最适合自己的入睡点。

第二阶段的睡眠主要是异相睡眠，也是最佳的记忆和情绪修复时间。这个时候你的大脑比白天时更活跃（所以后半夜多梦），它在忙着做下面两件事：

第一，消化、吸收学到的知识和技能，将它们从工作记忆转化为长期记忆。这也是为什么我们常常觉得对新知识的理解会随着时间而得到加深巩固，其实是因为大脑会在睡眠中不断地加深学习和巩固记忆。

第二，归纳修补情绪，大幅消化负面情绪。俗话说“夫妻没有隔夜仇”，夫妻间本来就没什么大不了的事，睡一夜好觉，负面情绪消化掉了，一觉醒来神清气爽，哪儿还记得昨天吵的什么。

所以，如果异相睡眠长期不足（主要指后半夜 / 早上的睡眠不足），我们的学习能力就会变差，情绪调节能力会失控，时常感到心情烦躁，并且生活中的一点儿小事也会让我们情绪失控，所以，缺觉的人的脾气往往也不好。

综合来说，要想同时利用前半夜的“黄金睡眠”阶段来修复各项身体机能，和后半夜的异相睡眠来修复记忆和情绪，最好的方法就是在 22：00 左右上床睡觉，然后在早上睡到自然醒，保证这两段睡眠都有充分的时间来发挥功效。

那么，我们睡多久才算足够呢？

睡眠专家建议，成人在不缺觉的情况下每天需要睡七八个小时（小孩需要多一些）。他们做过一个实验：将成人每晚关在一间与外界隔绝、什么也没有的小黑屋里 14 小时。很多人由于长期缺觉，一开始三四周每天都要睡 12 小时以上。但他们慢慢地把觉补足以后，大多数人都在七八小时左右自然醒来。也就是说，他们宁愿无所事事地在小黑屋里待着也不想再睡了，这也是大多数人在不缺觉的情况下需要的睡眠时间。

很多励志文章疯传苹果公司CEO库克 4 点半起床、王永庆 4 点起床等，是真是假，我不确定，也许他们与众不同。我只知道自己是正常人，目标是开开心心、健健康康地打赢人生的持久战，所以睡眠充足对我来说很重要！如果你和我有相同的目标，那就请至少保证让自己每天都有七八个小时的睡眠。当然，如果你缺觉，就请在这个基础上每天再加几个小时，直到把缺的觉补足为止。

睡前放松大脑

我向来追求高效率，惜时如金，所以最初实行 22：00 上床睡觉的制度时，我的做法是一到 21：30，就关掉电脑，停止工作，然后洗漱保养，22：00上床睡觉，流程设计得非常有效率。可是很多时候，我发现自己上了床还是睡不着，或者睡了几个小时后就醒了，然后继续想睡觉前的工作……在研究了大量睡眠方面的资料后，我发现原来是我奋战到最后一刻的高效率降低了我的睡眠质量。

我们的大脑不是机器，不是拔了电源就可以立刻停止运作的。所以在睡觉前，我们需要慢慢地让大脑完全放松下来，从高速运转逐渐降到平缓，然后才能慢慢地进入梦乡。至于这个减速过程需要多久，则因人而异。我的大脑比较容易亢奋，需要比较长的时间才能彻底平缓，所以我在20：30以后便停止工作，给大脑一个半小时来彻底放松。

也许一些日理万机的朋友会觉得这个要求有点儿难做到。这不等于每天白白浪费一个半小时吗？如果你觉得浪费，那说明你还是把工作放在健康之上。对于饱受睡眠质量困扰并把健康放在第一位的我来说，很高兴找到了这个小秘诀。这个作息习惯也保证我每天都有时间整顿我的生活，照顾好自己，做一些以前觉得没时间做的奢侈的事，比如整理房间、洗洗衣服、修剪花草、做瑜伽、冥想、聊聊天、泡泡香薰浴、保养一下皮肤、听听音乐、跳跳舞、看看书等。可以说，睡前的这一个多小时是我每天最享受也最惬意的时间。有了这段时间，我每天都带着轻松的好心情入眠。

除了睡前减少工作以外，我们还可以在入睡前做一两分钟的全身放松术让大脑进一步放松。这个放松术我已经运用了很多年，非常有效。具体做法如下：

仰面平躺，手心朝上自然摊在身体两侧，然后从头到脚用意念帮助身体一个部位一个部位地放松，默念“大脑放松了”“脸放松了”“肩颈放松了”“手臂放松了”……意念每到一处都会感受到这个部位原本紧绷的肌肉彻底放松下来。一般从头到脚放松几遍后就能进入一个彻底松弛的状态，然后沉沉睡去。

如果你半夜醒来无法入眠，也可以再做几次放松术，往往会在不知不觉中再次入眠。

睡前补钙

睡眠跟钙也有关？没错！这个小秘密是一位资深营养师告诉我的。人体的很多功能都需要各种营养元素，包括钙。当我们体内的钙储备不充足时，神经系统就会因为给养不足而变得特别敏感，非常容易被外界刺激，就会产生易惊醒等过度反应症状。当身体有充足的钙质支持所有的身体活动时，神经系统也会因为营养储备充足而特别踏实和松弛，不容易对外界有过激反应，睡觉也就特别稳。

对于这个观点，我本来半信半疑，不过补点儿钙总没什么错吧？于是我每天临睡前两小时会吃两片钙咀嚼片。结果没过几周，我就发现自己不用褪黑素就可以睡一夜了，彻底拜服！大家可以根据身体的反应酌情加减剂量，但千万不要在无医嘱的情况下长期大量服用钙片！

为什么一定要吃钙咀嚼片呢？一般钙片不行吗？

老人们常说：“胃不和则卧不安。”如果我们早早地吃了晚餐，到睡觉时已经消化完毕，但胃里还会有多余的胃液，就睡不稳。这个时候可以吃一小口干粮（比如面包、饼干）消耗掉多余的胃液。当然，我不建议吃太多，如果重新启动胃部的消化模式也不好，还容易长胖。钙咀嚼片类似食物的材质就能在补钙的同时消耗多余的胃液，一箭双雕！除了服用钙咀嚼片，另一种既能补钙又能吸收多余胃液的方法是喝几口温杏仁奶。所谓杏仁奶就是杏仁研磨的奶。杏仁奶含有大量的钙质，流食的材质也可以消耗多余的胃液，这也是为什么很多人说睡前喝温杏仁奶可以帮助睡眠。需要注意的是，请不要在睡前喝太多温杏仁奶，因为半夜上厕所也会影响你的睡眠质量。

营养：建立一套健康高效的饮食方案

在克服亚健康的过程中，我尝试过很多办法试图扭转我虚弱的体质，但效果都很不明显。直到有一天，我得到了一条宝贵的建议：营养。这是个有趣的新角度，我觉得自己既不偏食，也不挑食，三餐正常，怎么会缺营养。不过还是抱着试试看的心态去见了好友力荐的一位资深营养学家。这位专家告诉我，虽然我不偏食、不挑食，但是由于缺乏养生常识，我的身体还是长期处于消耗大于供给的状态，渐渐地把我的营养储备（身体底子）消耗得差不多了，所以外界有一点儿刺激，我就顶不住。所以当务之急是要把身体的营养储备补上去，帮助身体重塑抵御外界刺激的能力。

按照营养学家的处方，我开始每天吃各种天然营养素。几个月后，我的睡眠质量明显好转，精力充沛了许多，痘痘明显减少，痛经症状大幅缓解，排便顺畅轻松起来。甚至在身边多数人都患上流感的情况下，我竟然安然无恙地度过了一整个流感季节，这在之前是完全不可想象的。看得见的效果坚定了我对营养学的信心。但是，我不想长期依赖各种瓶瓶罐罐的营养素，我想要找到一个健康高效的饮食习惯，利用每一餐来全面摄取身体所需的各种元素，做到每顿饭都向健康迈进一步。于是，在接下来的几年里，我开始潜心研究营养学，花重金向营养学家咨询求教，研究了很多营养学著作，还考了一个营养学证书。

刚开始学习营养学的时候，我还真有点儿头昏脑涨的感觉：各类医学名词晦涩难懂；西方营养学提倡的“最优”饮食对东方的饮食习惯是很大的挑战；最为难的是，营养学界常常没有一个统一的说法。很多专家都有医学博士学位，也都有扎实的理论基础和实验数据，却宣传完全相反的理念。这种公说公有理、婆说婆有理的局面常常让我无所适从。

不过，我坚信实践是检验真理的标准。对于所有的理念，我都会请我信任的医学和营养专家把关，然后挑选一些安全性高的理论在自己身上做实验，观察身体的反应，直接淘汰我的身体说“不”的理论。通过多年的学习和实践，我终于求同存异、化繁为简地找到各派理论的共通点，并结合中国人的饮食习惯，总结出了一个简单高效的饮食方案。我自己已经坚持实践这个饮食方案很多年，也真真切切地看到了身体的变化。接下来，我就把这个简单高效的饮食方案诚意地推荐给大家。

打造健康的肠胃

营养不是你吃了什么，而是你吸收了什么，而肠胃就是吸收营养的总控制室，所以培养健康的饮食习惯的基础是打造健康的肠胃。健康的肠胃能帮助我们把食物消化后转为能量和营养送到全身各部分。如果肠胃不够健康，那么无论我们吃多少健康的食物、高档的补品，也无法转化成有效的营养和能量，久而久之身体也会营养失调。

吸收营养的同时，健康的肠胃还能及时将废渣、毒素排出体外。如果食物废渣无法及时排出，堆积在肠道里，就会成为细菌和毒素的温床。想象下水道长期堵塞不通畅，各种食物残渣变质、发霉的可怕情景吧。肠道是人体免疫系统的重要组成部分，如果细菌、毒素当道，免疫力会急剧下降，就会出现我当年那种“动不动就生病”的状况。

所以，打造健康的肠胃是确保身体有充分给养和提高免疫力的关键。那么，如何判断你有没有一个健康的消化系统？我的营养师常说：“最健康的肠胃就是吃一顿，拉一顿，大便完整成形，无异味，浮在水上。”不过这个要求对于很多现代人来说的确比较高。为什么现代人的肠胃这么弱？这就要从人类的肠胃构造说起。

好莱坞著名的营养师金伯利·斯奈德（客户包括“律政俏佳人”瑞茜·威瑟斯彭、“霹雳娇娃”德鲁·巴里摩尔、黑眼豆豆女主唱菲姬等），在她的畅销书《美丽排毒》中说：我们的身体构造和素食动物猩猩最相近，所以我们的身体构造也主要是按素食生活设计的。比如，我们大多数牙齿是臼齿，适合咬开坚果坚硬的外皮，老虎的犬齿适合攻击猎物、吃肉。我们的胃酸浓度很低，而老虎的胃酸浓度是人类的10倍以上，因为它需要消化大量非常难以消化的肉类蛋白质。我们的肠子有八九米长，因为蔬果非常容易消化，会很快地经过消化系统，所以我们的肠子必须足够长，以便保证有足够的时间吸收蔬果里的养分。而老虎的肠子就短很多，这样可以尽快排泄掉消化肉类产生的废物和毒素等。

讲个小插曲。我在肯尼亚马赛马拉国家公园游玩时曾撞见一群刚刚饱餐一顿的狮子。近10头狮子吃了一顿水牛肉后全都挺着个大肚子仰面躺着休息，等着食物彻底消化，乖得像一群小猫。旅游车开到离它们只有半米的地方，我们从车上俯身给它们拍照，它们却纹丝不动。这可不是动物园内被驯服的狮子，而是生活在大自然的野生狮子！经验丰富的当地导游说，这些狮子现在需要集中精力消化这些肉，可能要这样躺一两天，根本没空儿理我们。连狮子消化肉类都这么费劲，何况我们人类！

现代人经常大鱼大肉，加上很多加工食品以及过大的压力（是的，压力伤胃，所以压力大的人大多有胃病），久而久之我们的肠胃功能就不堪重负，功能减退，无法有效消化、吸收养分和排泄废渣，造成了很多健康问题。

那么，我们该如何保持肠胃健康呢？关键就在以下几点。

补充益生菌／益生元来维持肠道健康

益生菌最主要的功能就是增加肠道有益菌的数量，有效对抗肠道有害菌／致病菌，抑制肠内腐败，提升免疫力等。世界第一舞娘蒂塔·万提斯和50多岁的不老超模克里斯蒂·布林克利每天早上起床后都会空腹服用一些益生菌，让它们在没有食物干扰的情况下尽快到达肠道，发挥作用，以使肠道菌种平衡。

益生元是有益菌的食物，足够的益生元可以帮助有益菌茁壮成长，从而使肠道菌种保持平衡。其实益生元和益生菌的调理目标是一样的：增加肠道有益菌的数量。不过它们的工作原理略有不同：益生菌是直接大量补充有益菌，而益生元则是有益菌的食物，通过喂饱有益菌让它们自己快速繁殖。

补充益生菌／益生元就像“空降外援”一样，效果几乎是立竿见影的，通过短期调养就能接近甚至实现“吃一顿，拉一顿，完整成形，无异味，浮在水上”的目标。所以就像每天用面霜保养皮肤一样，很多健康达人也会选择长期服用益生菌或者益生元来保持肠胃的最佳状态。

少吃荤菜，多食用新鲜蔬果

肉类是最难消化的食物，会对肠胃造成很大的负担，这也是为什么我们大吃一顿荤腥以后就会犯困，提不起精神，因为肠胃需要集中全身的能量来消化这些难以消化的食物。所以，很多人在吃午饭时不敢吃太多的肉，就怕下午上班犯困。我们也常常听医生再三关照病人：饮食清淡，不要大鱼大肉。因为消化荤腥类的食物会消耗大量的能量，而病人最需要的其实是集中所有能量来康复，而不是大吃大喝

“补营养”。对于常吃荤腥的人而言，每天会有超过 50% 的能量用在消化食物上，非常可惜。

最容易消化的食物是新鲜水果和蔬菜，肠胃的负担非常小。我们很少会吃蔬果吃到想睡觉对不对？所以，很多健康专家或美容专家都建议，饮食要清淡，尽量以蔬果为主，以避免在消化的过程中过度消耗宝贵的能量，把省下来的能量用在修复身体机能、体育运动、用脑等活动上。

一个大幅增加蔬果摄入量的好办法是早上空腹饮用一两杯绿色蔬果泥。未经过滤的蔬果泥含有大量纤维（区别于蔬果汁），早上空腹饮用可以让蔬果泥在“无障碍”的环境下清洗肠胃，排出宿便和毒素，滋润身体。当然，请避免用蔬果泥代替水，起床后可以先喝一两杯温水，再喝蔬果泥。

对于那些早餐本来就吃得很少的朋友来说，完全可以用蔬果泥代替早餐。蔬菜和水果本身就非常容易消化，蔬果泥就更容易消化了。所以，把蔬果泥作为早餐，可以在滋养身体的同时，每天早上都给肠胃“放个假”，让身体集中能量排出垃圾和毒素。很多习惯了空腹喝蔬果泥的朋友都会发现，喝完后很快就能排出大量的宿便，特别舒畅。

对于那些喜欢吃丰盛早餐的朋友，可以在早餐前 30 分钟喝一杯蔬果泥。在蔬果泥下肚以后，你往往会发现不太饿了，于是早餐就不用吃那么多了。这其实是用营养丰富、容易消化的蔬果泥顶替一部分早餐，滋养身体的同时，尽可能少消耗消化能量。喝完蔬果泥以后，最好在 30 分钟之后再吃早餐，让身体先消化和吸收蔬果泥，集中精力排出宿便和毒素，有饥饿感后再吃早餐。否则消化新食物会消耗大量能量，干预身体排毒。

绿色蔬果泥的做法

将羽衣甘蓝、混合色拉、嫩菠菜、黄瓜、香菜、生姜、柠檬汁、半个苹果或者梨（可以按照个人喜好和身体状况进行调整）放进食物料理机，加入适量的水，按下开关，30 秒后蔬果泥就自动打好了。无须过滤，清洗也方便，一冲就洗完了。整个制作过程不超过三分钟，非常简便。

注意事项：

- 绿色蔬果泥的成分是 90% 的绿色蔬菜+10% 的水果。请不要在蔬果泥中放大量的高糖水果（比如菠萝、西瓜、香蕉、橙子等），否则简直和糖水无异。水果本身营养丰富，但是现代人的肠道内毒素泛滥，水果里的糖分就成了有害菌的食物，帮助它们大量繁殖。所以对很多人来说，食用高糖水果弊大于利，可以酌情食用或者索性不吃。
- 可以放少许的姜。姜可以驱寒健胃，也可以中和一些偏凉性的蔬果。姜也是一味“猛药”，不要放太多，以免身体燥热。有条件的朋友最好咨询一下中医，确认你是否可以长期服用少量的姜，也要随时注意自己身体的反应。或者，你也可以用姜黄（tumeric）代替姜。姜黄的功效和姜比较接近，但更温和，不容易带来燥热。

- 脾胃虚寒的朋友以及女性同胞请避免饮用冰冷的蔬果泥（外国人喜欢大量饮用冰水是因为他们体质偏热），可以加一些热水，减少对身体的刺激和伤害。
- 蔬果最好选用有机的。有机蔬果的一大好处是没有大量化学残留物，特别容易清洗。这对于在忙碌的早晨快速制作一杯纯净的蔬果泥是很重要的。

注意食物组合

父母最近常跟我说，他们年纪大了，消化不好了，所以每餐都以米饭和蔬菜为主。我心想，身体的智慧真是妙不可言。父母竟然在不知不觉中就践行了素食主义和食物组合理论来减少消化负担。

多吃蔬果的好处我们已经说过了。那什么是食物组合理论呢？简单来讲就是当我们每餐吃的“高密度”食物的种类越多时，消化时需要的能量就越大，对肠胃的负担就越大。那什么是“高密度”食物？简单来讲，就是含水量不高的食物，主要有以下两大类：

- 淀粉类：土豆、米、面和面包等。这些食物需要在碱性环境中消化。
- 蛋白质类：肉、鱼、坚果和奶制品等。这些食物需要在酸性环境中消化。

蔬菜和水果由于含水量丰富，所以不属于“高密度”食物，可以随便吃。而高效的食物组合则是每餐以蔬果为主，并只食用一种“高密度”食物，比如：

- 各种荤菜每顿只吃一种：吃了鱼肉，就不要吃鸡肉和猪肉；吃了猪肉，就不要吃牛肉和羊肉，以此类推。
- 避免同时进食淀粉类＋蛋白质类的食物组合。因为淀粉类与蛋白质类这两类“高密度”的食物需要不同酸碱度的消化酶。当我们同时摄入淀粉类和蛋白质类食物时，我们的消化系统会同时分泌出不同酸碱度的消化液，而这些不同酸碱度的消化液会互相中和，导致两类食物不能被完全消化。淀粉类+蛋白质类的食物组合其实十分常见，比如牛肉面、虾仁滑蛋盖浇饭、大盘鸡（含面）、肉包子、吞拿鱼三明治、肉末意大利面等，这其实都是违反食物组合理论的食物 。

当我们食用“效率低下”的食物组合时，肠胃的工作难度就会非常高，需要花费许多能量一一分解，有时甚至要彻夜工作。这也是为什么当我们饱食一顿品类繁多的大餐以后，第二天醒来常常会觉得特别累。 当我们食用“高效”的食物组合时，我们的肠胃可以又快又轻松地完成消化，并不会消耗太多的能量。这也是为什么很多中医会再三叮嘱病人“吃得简单点儿”的原因，只有吃得简单点儿才能保证不会消耗太多的能量来消化吸收，积蓄让身体康复的能量。

吃饭顺序

想象你的肠胃是一条单行道公路。现在有三辆车：一辆跑车，一辆面包车，一辆卡车，你会让哪辆车先进入公路？为了避免交通堵塞，我想你肯定会让跑得最快的跑车先开，面包车中间，卡车殿后，对吗？吃饭也一样。如果我们先吃需要好几个小时才能完全消化的肉类，那后来进食的蔬菜无论多么容易消化也只能被肉类堵在胃里，然后在高温下慢慢腐烂变质。所以最易消化的进食顺序是先进食最容易消化的蔬菜，让它们快速通过肠胃，然后以最难消化的荤腥结尾。吃过西餐的朋友都知道，西餐的第一道菜一般是沙拉或者浓汤，最后一道主菜才是荤菜，非常符合科学的进食规律。

同理，水果应该在饭前吃，而不是在饭后吃。水果是最易消化的食物，具有强大的清洁排毒能力，所以欧美很流行用果汁排毒。但是如果它们在肠胃里被堵在了一堆食物后面，无法及时消化，那水果很快就会在高温下腐烂，并使其他食物一起腐烂。所以，请空腹吃水果，比如在饭前半小时吃，这样它们才能快速通过消化系统，发挥排毒功效。需要注意的是，有的人空腹吃某些水果（比如山楂、柿子或香蕉等）可能会出现胀气或反胃等状况，所以建议大家观察一下自己的反应，如有不适请及时调整。

少食生冷和过烫的食物

经常吃生冷食物会造成偏寒体质，影响新陈代谢，进而影响五脏六腑的正常生理机能。对于脾胃虚寒的人而言，冰水、冰饮料与冰激凌能不吃就别吃。我自己到哪儿都自带温开水，在饭店里也只喝温开水。

除了显而易见的“冰”食物以外，生蔬菜沙拉、水果和生鱼片对于脾胃虚寒的人来说也算生冷，所以也请避免。没想到吧？我们讲了蔬果的那么多好话，但是如果你脾胃虚寒，就请不要生食。国外非常流行的“生食”很适合阳气十足的外国人，但是对于很多体质偏寒而且脾胃虚寒的中国人来说，这简直是雪上加霜，完全不适合。至于你是不是脾胃虚寒、需不需要忌食生冷，请咨询你的中医。脾胃正常的朋友，恭喜你！生鲜蔬果易消化，营养丰富，应该成为你饮食的主力军，请好好享用吧！

另一个常被忽视的饮食误区就是食用过烫的食物。天气冷的时候，很多人喜欢吃火锅，喝热粥、热汤、热开水来驱寒，感觉畅快淋漓。殊不知这些滚烫的食物进入身体，会烫坏食道和胃，严重的甚至会导致食道癌。所以在喝汤、喝粥、喝水之前可以先盛一碗凉着，等冷却到入口很舒服时再享用。

请食用温度适宜的食物，过冷过热对身体都是极大的伤害。

健康的烹调方式

不要认为素食主义就是健康的保证。在美国有很多素食的大胖子，原因是他们喜爱食用过多高淀粉、高糖分的食物（比如土豆），而且采用的烹饪方式很不健康。其实，一盘油汪汪的五香茄子对肠胃的负担远远高过一条清蒸鱼，所以食材本身固然重要，但健康的烹饪方式更关键。

中国人喜欢用油炒菜，也喜欢用大量调味品，在不改变传统饮食习惯的基础上，我们还可以做一些改进。

用好油

中国家庭喜欢用蔬菜油炒菜。玛丽·埃尼格博士在她的畅销书《传统滋补》中说，蔬菜油（包括橄榄油）的结构极不稳定，在高温下容易分解变质，并产生毒素，所以更适合低温的烹调方式，比如拌沙拉。大家可以使用椰子油、牛油果油或者高质量的坚果油炒菜。这些油结构稳定、烟点高，而且营养丰富。当然再好的油也不能多用，毕竟过于油腻会对肠胃造成极大的负担。

既然我们做菜离不开油，那就请尽量少用油，而且用好油。

巧用调味品

我是上海人，很少吃辣。有一段时间，我迷上了川菜，很多四川妹子跟我讲吃辣的好处。看着她们白如凝脂的婴儿肌，我便相信了"吃辣对身体有好处"的说法，隔三岔五就去吃，感觉非常过瘾。可怜我的肠胃实在应付不了麻辣的川菜，于是那几年不停地长痘痘。直到后来，我在中医的规劝下戒掉了所有重口味的菜，皮肤才慢慢恢复过来。所以，对于平时饮食清淡的朋友而言，过于浓郁刺激的食物对你的肠胃会是极大的负担，请避免。

当然，如果你祖祖辈辈都来自口味浓重的地区，那这些刺激的口味对你的肠胃不会造成太大影响，可以保持。但是可以用新鲜的食材和香料代替瓶装的调味品，比如用鲜辣椒代替瓶装的辣椒酱，避免化学成分。毕竟瓶瓶罐罐的调味酱从营养的角度来讲几乎毫无价值，而且还加了防腐剂之类的有害物质。

进餐时少喝水

想象一下，当你的消化系统努力地分泌了一堆消化酶和胃酸来准备分解食物时，你浇了一大杯水上去……德国营养学家梅德·巴哈拉·海恩达尔在他的《水和盐》一书中建议，饭前半小时到饭后两小时内不饮水，让肠胃专注消化。

如果你饮食清淡，而且每餐都食用大量含水丰富的新鲜蔬果，那你吃饭时即使不喝水，也不会很口渴。需要的话，可以在饭前半小时到一小时多喝一点儿水，满足身体对水的需求。刚开始用餐时，也可以喝一点儿汤，汤比水更接近食物。但是，饭后两小时内请不要饮水。

定期洗肠

就像我们定期要给家里来个大扫除一样，洗肠就是对结肠进行大扫除，目的是保持一个健康的环境，促进营养吸收，增强免疫力。洗肠的工作原理是用温和纯净的水（也可以用专用洗液）从肛门灌入结肠内，然后再将这些灌进去的水排出体外，会排出结肠内大量的陈年垃圾和细菌。很多西方营养师都大力推荐洗肠，很多明星也把洗肠奉为美容保健良方。

洗肠的感觉和拉肚子有点儿像，不太舒服，但还算能承受，洗完以后你可以马上恢复正常的生活和工作。但是请一定找专业人员温和操作，避免不必要的不适与伤害。有些洗肠机构为了帮客户排出更多的垃圾和毒素，在洗肠的过程中会大力按摩客户的肚子，造成极大的不适甚至损伤。因此，请做好你的功课，选择专业、温和、体贴的操作技师。

至于洗肠的频率就需要根据每个人的身体状况进行评估。一般来讲，每三个月可以清理一下，或者在暴饮暴食了一段时间后“重启”一下。再分享一个小窍门。由于肠道是人体最重要的免疫系统，所以如果你出现任何初期的感冒症状，可以考虑洗一次肠。这样能把肠道内的有害菌全部洗出来，你的感冒就不容易发作起来，身体也能很快复原（这招只在感冒刚刚开始的时候有用）。

需要注意的是，洗肠的工作原理是物理性的，在带出垃圾和病毒的同时也会带走有益菌，所以洗肠后请及时补充益生菌。

智慧的食物摄取

再好的肠胃系统也不可能从一堆垃圾食品中吸收到足够的营养。所以，在拥有了健康的肠胃以后，接下来我们要做的就是注意饮食健康。那么，我们在食物摄取上需要注意什么呢？

少吃糖

营养学界有很多有争议的话题，但是大家对于糖的看法却十分一致。世界知名的健康和美容权威尼古拉斯·佩里科内医生指出现代医学证明几乎所有的疾病（包括痘痘肌、心脏病、糖尿病和关节炎等）都是体内炎症的结果，而造成体内炎症的最大祸根就是糖。

从传统来讲，中国人一项主要的糖分来源就是米饭。传统的米饭其实营养非常丰富，能为身体提供充分的能量、维生素、矿物质和纤维素。但是现代人常食用的精白米却由于过度加工而失去了米饭原有的营养成分。而且由于精白米是没有纤维素的细粮，所以非常容易推升血糖。所以，我们可以多吃杂粮饭。如果你觉得杂粮饭口感不好，一开始可以少加点杂粮，给自己一点儿时间适应，慢慢地你就会喜欢上杂粮饭的香气和口感，从而可以增加杂粮的含量（同理适用于面和馒头）。

近年来，随着国外的食品大量进入中国，年轻人也开始像美国人一样大量地摄入糖分：可乐、冰激凌、蛋糕、巧克力或甜甜圈等。可是，要知道美国这个年轻的国家虽然科技发达、教育领先，但它的快餐文化却是名副其实的洋垃圾，美国人每三个人里面就有一个超重。这一点我们真的不需要学。

多喝水，喝好水

西方营养学专家推荐给成人的饮水量是：每斤体重每天至少需要20毫升水。就是说如果你的体重是100斤，那么每天需要2000毫升水，即六七杯。体重超过100斤的朋友需要适当增加饮水量。需要注意的是，这些饮水量只能满足身体的基本需求。如果你做了任何会让身体脱水的活动，都需要酌情增加饮水量，比如天气炎热、做运动或蒸桑拿等，坐飞机、整天在空调房间里，或喝咖啡和碳酸饮料等。饮水不能不足，也不能过量，以免增加身体负担。

要保证充足的饮水就需要确保自己随时都可以喝水，因为很多时候，我们之所以喝水不足，是因为喝不到水，所以一直忍着或者索性就忘了。为了解决这个问题，我给自己买了一个不锈钢密封杯，不管是上下班、开会、去健身房，还是散步，我都会提着装满温水的它，只要一看到它就会提醒我喝几口水，随时补水。

自带水杯的另一个好处是自己家过滤后的水喝得放心。自来水厂一般只去除细菌，水烧开后也能去除细菌，无法去除对身体极为有害的重金属和激素。那我们只喝瓶装纯净水行不行呢？答案是：不行。很多营养师都不建议饮用塑料瓶装的纯净水或者矿泉水，因为塑料瓶里的毒素会渗透进水里，而且灌装的过程也会产生各种污染，危害很大。建议大家在家里安装一个好的反渗透家用净水系统，每天自带水杯，随时随地喝上一口放心水。

用好盐

很多人都知道多吃盐不好，会导致血压升高、钙流失或水肿等，所以全世界的卫生组织都在建议限定盐的摄入量。其实，盐之所以成了众矢之的，是因为我们没有用对盐。

梅德·巴哈拉·海恩达尔在《水和盐》一书中指出，盐和水其实是万物生灵的起源。几百万前，地球就是一个巨大的海洋，而海水，也就是盐水，是生命的起源。直到今天，地球表面的70%覆盖着海洋，而人体血液的主要组成也是水和盐，和大海的成分非常类似。

纯天然盐矿内的喜马拉雅水晶矿物盐含有组成人体的所有矿物质和全部83种微量元素，所以服用时不仅不用担心营养失衡，而且可以补充人体所需的所有微量元素。我的营养师就建议我每天服用一杯喜马拉雅淡盐水来补充微量元素，调节身体机能。

绝大多数现代人使用的食用盐其实是人类最早的一种“加工食品”。盐厂通过去除自然盐中所含的大量微量元素，只留下氯化钠以及一些化学添加剂，使盐不易潮湿，从而延长保质期。这样生产出来的盐破坏了其原有的天然元素，与自然界的盐已经完全不同了。当长期大量食用这些只含有两三种元素的盐以后，我们体内的微量元素就会失衡，身体会消耗大量的能量来试图将这些多余元素排出，引发一系列健康问题。

所以，如果用对盐，盐不仅不是坏东西，还是可以调节身体健康，补充身体所需的所有矿物质和微量元素的保健圣品。我现在每天食用的就是喜马拉雅水晶矿物盐，不仅营养均衡，而且颜值高（美美的梦幻粉色），30 美元一大罐的喜马拉雅水晶矿物盐可以用上大半年。除此之外，也可以选择传统制法的海盐，会便宜很多。这些盐在美国的有机超市随处可见，国内很多健康网站也有销售。

多吃有机食物

在国外，有机食物之所以成为大多数追求健康的人的首选，有以下四个原因。

第一，干净。有机食物不喷农药和各种添加剂，所以不会带着一堆化学物质进入我们的体内。洗菜也特别容易，稍微冲冲就行了，特别放心。有人也许会说，老祖宗说“不干不净，吃了没病”，有必要这么考究吗？其实老祖宗时代的不干不净顶多就是带点儿土，留点儿自然肥料罢了。既然人类是从风餐露宿的生活开始的，那么我们的身体自然知道怎么处理这些自然界的“不干净”。但是老祖宗应该完全没想到今天的不干不净意味着植物上残留的化学农药、合成化肥、激素和抗生素等“高科技”农业产品，而这些元素对于人体而言简直是慢性毒药，吃多了绝对会生病。

第二，好吃。有机食物还原了食物的本来面貌，没有转基因，也没有催熟剂，所以瓜香、果甜、肉味足。在有机超市买菜根本不需要挑挑拣拣，随便一个品种都超级好吃。放心买！

第三，保鲜期长。在有机超市买的水果和蔬菜一般在冰箱里放一星期顶多看起来有点缺水，绝对还能吃，还很好吃。而非有机食物买来就一定要赶快吃，不然很快就会坏掉。

第四，营养丰富。食物的营养其实是从土壤里吸收经过自身转化而来的。如果生态平衡，土地肥沃，那种出来的食物就营养丰富。但是如果长期过度耕种，造成土地贫瘠，那么种出来的食物就会缺乏营养。虽然看着差不多，一根萝卜还是一根萝卜、一棵菜还是一棵菜，但其中所含的养分却大相径庭。有机食物的种植方式非常符合地球可持续发展的原则，农民采用轮作、间作等种植方式保持水土，改善养分，避免土地贫瘠的情况发生，所以种出来的食物自然也就营养丰富。在很多发达国家，农场主必须获得特别证书才能声称他们的产品是有机食品。

有机食物唯一美中不足的就是贵。美国著名的有机连锁超市全食的食物随随便便就比其他超市的食物贵两三倍，甚至更贵。所以在美国，有机食物其实也不是人人能吃得起的。如果大家全部买有机食物在经济上无法承担，那就请首选有机荤菜，因为家畜身上携带的激素和抗生素是无法消除的，而且危害非常大。至于蔬菜和水果，如果不买有机的，那就请认认真真浸泡，然后清洗残留的化肥和农药，尽可能地把伤害降到最低。

每日补充多元营养素

我们的身体每天都会消耗一定的能量以及维生素、钙和微量元素等，而食物是我们最主要的营养来源。不同的食物有不同的营养，所以不偏食、不挑食对于均衡营养至关重要。当然，每个人对食物多少都会有一点儿偏好，消化能力也不尽相同，再加上中国人的饮食习惯以煮熟的食物为主，营养在烧煮过程中会大量损耗，这种种因素都会影响我们对营养的有效吸收。

因此，我们每天可以服用一些高质量、纯天然的综合营养素来补充每日所需的营养元素，给健康买一个基本保险。当然，服用综合营养素没有任何治疗作用，所以如果你的健康已经明显出现问题，请寻求专业医生或者营养师的指导。

运动：高效又轻松的运动指南

你真的了解运动的好处吗？

很多人都知道运动可以强身健体、保持身材、排毒养颜等。其实，运动还有一个被很多人忽视的好处：增强精力。

增强精力的关键是全面激活细胞活力，因为细胞是构成生命体最基本的生命元素，所有的身体器官都由细胞组成，只有健康的细胞，才能打造有活力的身体。对细胞来说，最重要的养分就是氧。当细胞有充足的氧供给时，就会充满活力，身体也会随之焕发出健康的光彩。而且，氧是细胞氧化分解糖和脂肪等物质并释放大量能量的关键要素。这个道理和燃烧需要足够的氧气很相似。

可惜，现代人的身体环境大多非常恶劣，充斥着高体脂、水肿和各种毒素。这样的身体环境会严重阻碍氧的正常传输和吸收，并导致细胞逐渐失去活力，无法高效地生成能量。一个恶性循环就这样形成了。

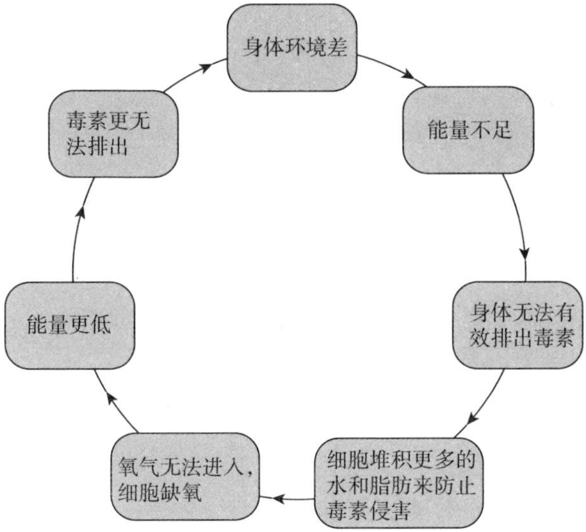

要打破这个恶性循环，让自己精力充沛，最重要的就是营造一个健康的身体环境，让氧气被高效地传输和吸收，在全面激活细胞的同时，释放大量的能量。运动就是实现这个目标的关键。

正确运动的好处十分惊人。

第一，降低体脂。

体脂是一个非常重要，却被大多数人忽视的指标，因为大多数人只关心体重，只要体重处在正常范围内就行了。其实，这是一个很常见的误区。两个体型一样的人，肌肉比例更大的那个人更重一些，因为肌肉的重量是等体积脂肪的三倍。同理，两个体重相同的人，脂肪含量高的那个人看起来更胖一些，因为脂肪的体积是等重量肌肉的三倍。

当我们一味追求减重时，就会节食或吃减肥药。这样减掉的其实是水分，而不是真正的“肥”。更糟糕的是，饥饿感会让身体很没有“安全感”，因为它不知道什么时候又要挨饿。于是，身体会更擅长储藏脂肪，这就是“易胖体质”。在这种体质下，一旦我们结束节食，恢复饮食，体重和体脂就会大幅反弹，所以很多人越减越肥。

正确的减重目标应该是减脂，让体脂降到最佳区间：女性20%~25%，男性15%~20%。当体脂含量处于正常水平时，细胞就可以正常呼吸，身体能量就会大幅提升。同时，体脂降了，肌肉的比重就高了，新陈代谢就快了（肌肉更消耗卡路里），你就会进入怎么吃也不会胖的良性循环，就可以轻松维持正常的体脂水平。

很多家用体脂测量仪都可以在几秒内测出你的体脂水平，健身房也有更专业精准的体脂测量仪器。

第二，提升最大摄氧量。

这也是一个非常重要，却不为大多数人所知的指标。最大摄氧量是指你在运动时，能摄入的最大的氧气含量。当最大摄氧量提升了，就相当于给身体换了一台更强大的“发动机”。这个“发动机”能更高效地为身体提供大量的氧气，提升细胞的活力，产生大量的能量。

影响最大摄氧量的因素有：

- 心肺功能：正确的运动方式可以大幅提升最大摄氧量，所以运动员有远高于一般人的摄氧能力，能量充沛。
- 体脂：体脂过高会阻碍细胞吸收氧气，所以很多体脂过高的人的精力都不好，易疲劳。
- 遗传：最大摄氧量受遗传因素的影响非常大。有的人天生精力充沛，就是因为他们的心肺功能天生比较强大，最大摄氧量很高。
- 性别：女性的最大摄氧量一般比男性低 10%。
- 年龄：男性在 30 岁以后，女性在 25 岁以后，最大摄氧量会逐年降低。所以很多人会觉得自己的年纪越大，精力越不济。
- 环境：在高温环境中，最大摄氧量会降低，也会限制你的运动能力。为了适应环境，那些长期在高原低氧环境中生活的人的最大摄氧量往往很大。

可以看到，在所有影响最大摄氧量的因素中，我们只能改变心肺功能和体脂。当你用正确的方式运动时，最大摄氧量能在短短几周内大幅提升，精力水平也会有明显的改善。

很多运动手环都可以测最大摄氧量，在购买时，请确认你挑选的型号是否具备这个功能。

第三，排毒。

运动可以促进淋巴系统循环，加快排毒。体内的毒素少了，身体环境健康了，细胞就会觉得很安全，也就不需要储藏额外的脂肪来保护自己免受毒素侵害。于是，你会发现以前怎么减也减不掉的那圈腰腹部脂肪在不知不觉中就不见了，同时，v一个良性循环。

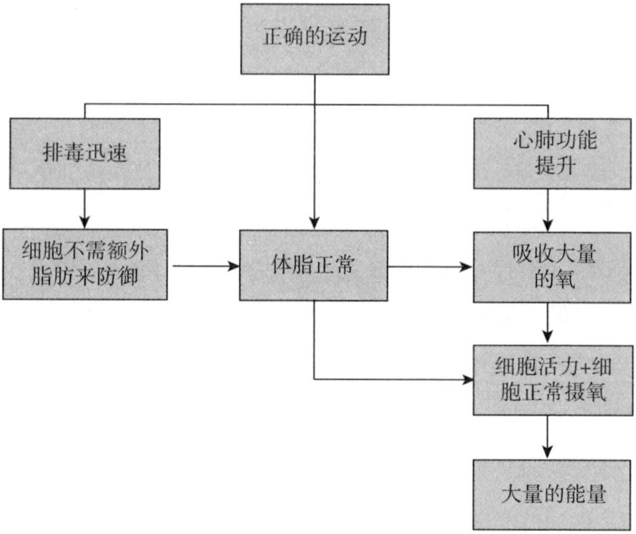

轻松“坚持”运动的秘诀

知道运动的好处并不代表做得到定期运动。我曾经多次尝试坚持运动，每年都会购买昂贵的瑜伽馆和健身房会员卡，下定决心要健身，最后却都只去几次就放弃了，会员费全打了水漂，这让我很挫败。

转机来自几年前我去印尼小镇乌布的旅行。乌布就是朱莉娅·罗伯茨拍摄《美食、祈祷和恋爱》的那个绿意盎然的小山城。我住的旅店旁边是一个依山傍水的瑜伽馆。被它的美丽和宁静吸引，我决定去上一节瑜伽基础课。那节课的老师来自日本，温和、美丽、气质出众。班里的学生大多是初学者，所以每个动作要领她都会细细地分解。她告诉我们，瑜伽是非常个人化的练习，我们可以根据自己的身体情况调整动作强度和难度，量力而为。她柔声细语地讲解，我渐渐静下心来跟上了她的进度。在傍晚课程快结束时，透过四面的落地玻璃，我看着瑜伽室外的森林里和小池塘边星星点点的灯火，老师在这几近童话世界的氛围中为我们轻轻地吟唱了一首歌，我感觉整个身心都被净化了，这是我第一次体会到了瑜伽的美妙。

回旧金山后，我便迫不及待地找来做瑜伽私人教练的好友崔西小姐帮我打基础，从头开始细细地教我瑜伽的基本动作要领、呼吸、冥想、吟唱等。在跟着崔西小姐一对一地练习了大半年以后，我终于有了一定的瑜伽基础，于是“出师”开始在各大瑜伽馆上大课。有了私人教练打下的基础，大课也变得轻松、容易了许多，我终于开始享受瑜伽了！现在的我，不仅非常期待每周三次瑜伽练习时间，还在这个基础上加上了一些跳操和舞蹈练习，也会定期请私人教练带我做器械运动，全面提升体能。

在经历了这次转变以后，我开始思考，为什么以前的我这么讨厌运动，拖也拖不进健身房，而现在为什么开始喜欢运动了？答案其实显而易见。

找到喜欢的运动方式

我以前一直没找到喜欢的运动方式，也试过跑步、游泳、器械等，但是对我来说，这些运动简单重复，特别枯燥乏味。不喜欢，当然就很难坚持（这只是个人偏好，我知道很多朋友很喜欢这些运动）。

当我们找到喜欢的运动方式时，就会满心期待和享受运动时间，而不是完成任务般地拼毅力和刻意坚持。伊丽莎白女王从三岁起就开始骑马，一直到 90 岁高龄也乐此不疲。在加州海边长大的不老超模克里斯蒂·布林克利从小就喜欢各种水上运动，冲浪、帆板、潜水、样样精通。巩俐喜欢和朋友一起打网球和羽毛球等。我有一个 40 多岁还保持着一尺七小蛮腰的女神朋友特别喜欢跳舞，每周都会参加三场爵士舞和踢踏舞的练习，每年都会去学新的舞种。这个世界上的运动方式有很多：瑜伽、徒步、跳舞、跑步、器械、打拳、游泳、打球、划船等，有动有静、有刚有柔、有室内有户外。多试试，总有一种甚至多种运动是适合你的。

如果你还没有找到特别喜欢的运动方式，那么可以尝试一下快步走路，这是一种健康的运动。

- 效果好：把跑步机调成微微上坡，并维持4~6公里/小时的速度，你就可以轻松地维持最佳心率（下一节会介绍），保证最佳运动效果。
- 方便：你可以在下班后换上运动鞋走回家，去离家最近的健身房找一台跑步机，周末去郊外徒步，或者索性买一台跑步机，在家随时可以运动，不受时间和天气限制。
- 灵活：在快步走路的时候，你可以听书、看电影、看新闻甚至开电话会议等，这也是很多日理万机的精英在百忙之中还能保持天天健身的秘诀。
- 不伤膝盖：比起跑步、跳操等蹦蹦跳跳的运动，走路对膝盖造成的压力很小，很适合那些体重偏重或者膝盖不好的人。

另一项最简单、功效明显，却也常被忽视的运动是呼吸。我们平时参加瑜伽课或者跑步的时候，教练都会反复强调呼吸，因为呼吸的好处实在太多了。深呼吸可以快速增加体内氧气的含量，让细胞重新焕发活力，释放无穷能量。当你非常疲劳，甚至很饿的时候，深呼吸几次，就会瞬间一扫疲劳或者饥饿感，精神百倍。因为细胞被它们最需要的养分（氧）喂饱了。深呼吸也是一种最简单有效的心肺训练，可以快速提升最大摄氧量，升级你的“发动机”。深呼吸还可以加快淋巴系统的循环速度，加快排毒。如果只能选一项运动，我强烈建议你坚持深呼吸。

深呼吸训练法

- 腹式深呼吸 7 秒，让腹部随吸气而鼓起。
- 屏息 28 秒，让细胞充分吸收氧气。
- 呼气 14 秒，排出废气和毒素。
- 10 次为一组，每天至少 3 组，越多越好。

我经常利用碎片时间，比如写作、做饭的时间做呼吸训练，所以每天的呼吸训练经常超过 30 组。阿顿已经习惯我一边打字，一边发出呼哧呼哧的呼吸声。

注意事项

你可以按照自己的肺活量调整时长，只要以 1 ： 4 ： 2 的比例吸气、屏息、呼气就行。比如吸气 5 秒，屏息 20 秒，呼气 10 秒。心肺功能不好的朋友刚开始练习时可能发现自己只能坚持很短的时间就会气喘吁吁，这很正常。只要你坚持练习，很快你就会发现自己单次深呼吸的时间越来越长，也越来越轻松，这就说明你的心肺功能越来越好了，精力水平也会随之水涨船高。

同时，不要在空气污染的环境下，比如车水马龙的马路上或者雾霾天做呼吸练习，以免适得其反。如果你所处的城市污染严重，可以在郊游或度假的时候多做些呼吸练习。

打好基本功

我以前练瑜伽的时候没有任何基础就直接上大课，却完全听不懂老师的口令，于是整节课都在忙着观察别人是怎么做的，不得要领，也就毫无乐趣，所以没坚持下来。

很多运动都有一定的技巧性，在掌握基本功之前，你很难真正体会到这项运动的乐趣。比如，如果你还没学会运球、传球就上场打篮球，那基本上就只能陪跑。如果你还没掌握挥杆、推杆等基本动作，就去打高尔夫球，那你可能会觉得高尔夫球是世界上最无趣的运动。

我从最初情愿浪费会员费也不愿意去上瑜伽课，到现在每周主动参加三次瑜伽练习，最主要的区别也就是因为有了一定的基本功，于是开始体会到瑜伽的妙处。所以，建议大家参加任何新的运动项目前都先花点儿时间练好基本功，不要急于求成，慢慢就会体验到这项运动的妙处。

循序渐进

我以前总想一口吃个胖子，每次进健身房都选那些看起来特别厉害的健身课，想着既然来了就好好锻炼。结果，常年不锻炼的我根本跟不上这些课的进程，各种丢脸，于是刚刚燃起的斗志之火就被浇灭了，再也打不起精神去健身。

对于不常运动的人来说，刚开始要克服的困难有很多，所以，我不建议挑选特别难的项目，以免产生知难而退的想法。相反，可以选和自己的体能和技巧比较相称（甚至低一点）的项目，专注学习运动技巧，培养对运动的兴趣和信心，适应运动的强度。在适应了一段时间以后，可以逐渐加强，循序渐进。

健康运动的关键

我曾经很喜欢高强度运动。一周三次热瑜伽，每次都大汗淋漓，双腿“瘫软”，再加上一两节尊巴舞，又蹦又跳，每节课都能消耗500卡路里以上的热量。这样高频率、高强度的锻炼，瘦身减脂的效果是很明显的，一般几周内就会觉得自己身材紧实了很多，两三个月以后就可以达到自己理想身材的标准。但是，我从来没有办法坚持高强度地健身超过4个月，因为总会莫名其妙地病倒，然后元气大伤，很久都去不了健身房。这种情况出现过了四五次。我一直都怀疑这可能和我的运动量太大有关，但是一直无法验证。直到有一次，一位中医医师在为我把脉后，关照我说：“你不适合做那些蹦蹦跳跳的剧烈运动，可以多去郊外散散步、游游泳、做做瑜伽、练练气功、打打太极之类的。”我当时一听这话就睁大了眼睛看着他，并把我的状况告诉给他，他一听就笑了，说：“对啊！这是你的身体在罢工，告诉你它不喜欢你的运动方式。你要学会多听身体的。”

运动不仅仅是为了美丽，更是为了健康，所以请避免运动过度，以免消耗自己的健康。当运动方式在健康范围内时，它就是我们最好的朋友，帮我们保持身材，排毒养颜，保持活力和体力。当运动方式大幅地超出健康范围，它就会对身体造成伤害。这也是为什么很多专业运动员有各种健康问题，他们长期过度消耗了身体机能。

要想做到健康运动、不过度消耗，我们可以从找到合适的强度和运动时间入手。

合适的强度

很多人（包括以前的我）的运动理念是“没有痛苦，就没有收获”，每次都要练到上气不接下气，觉得这样锻炼的效果才好。其实，当运动强度非常剧烈，或者急速爆发时，身体在瞬间需要大量的能量。这样“急”的能量需求是无法靠燃烧脂肪获得的，所以身体开始对糖进行无氧代谢，以迅速产生大量的能量。这就是无氧运动。无氧运动不仅不会消耗脂肪，而且糖在无氧分解中会产生大量的乳酸，造成运动后肌肉疼痛、疲惫不堪，甚至久久不能恢复。

更糟糕的是，超高强度的运动是非常危险的。我们经常会听到有人在跑步机上跑着跑着就跌倒，一命呜呼了。这就是因为他们的运动强度超过了他们的“发动机”可以承受的范围，非常危险！

如果你和我一样，运动的目标是提升精力、减脂和排毒，既要美丽，也要健康，那么有氧运动其实才是最好的运动方式。衡量有氧运动最重要的指标是心率，当我们在最佳心率区间内锻炼时，可以增强心肺功能，每搏输出量更大，供氧能力更强。同时，在这个心率区间锻炼可以燃烧脂肪，减少体脂含量，提升肌肉比重，增加新陈代谢，打造不易发胖的体质。

那么，什么是你的最佳心率区间？

最佳心率上限 =180 – 你的年龄

如果你今年 30 岁，最佳心率上限就是 150。如果你一向注重锻炼，身体素质很好，可以加 5，就是 155。如果你体弱多病或者从不运动，可以减 5，就是 145。当心率超过最佳心率上限时，你就会觉得上气不接下气，进入无氧运动状态。这时我们就要适当放慢节奏，让心率下降，呼吸恢复到微喘的水平。最佳心率上限其实非常容易达到，很多人快步走路 5~10 分钟就可以达到这个心率水平，对身体造成的负担很小，第二天也不会觉得肌肉僵硬、浑身疼痛。所以，即使你目前并没有任何运动习惯，也可以试试，真的一点儿也不难。

最佳心率下限=最佳心率上限–10

如果你的最佳心率上限是 150，那么，下限就是 140。如果运动心率低于下限，锻炼的效果就比较差。比如，在上有些舒缓的瑜伽课时，我的心率根本就不过百，呼吸非常平稳，完全没达到微喘。这样的运动强度只能算拉伸舒展和精神修复，对减脂和心肺功能的作用都比较小。

当在最佳心率区间完成运动后，你会觉得神清气爽，浑身的细胞都像被激活了，充满能量。这是身体在告诉你，你找到了正确的运动强度。

要想随时随地测量运动心率，你可以买个运动手环。虽然家用运动手环的准确性肯定不及专业设备，但是根据它的测量结果，并结合你的呼吸急促感，还是很容易估算自己是否处在最佳心率区间。

健康运动时长

每次运动时长请保持在 45 分钟左右：

- 用 7 分钟进行热身和拉伸：逐渐进入最佳心率区间，切忌在没有热身的情况下直接运动，很容易造成损伤。每次在去健身房的路上，我都会有意识地走得比平时快一点，逐步提升心率，权当热身。这样，当我到了健身房的时候，只要做一些准备动作就可以开始运动。
- 在最佳心率区间运动 30 分钟以上。“世界最佳私人教练”比利·贝克三世（Billy Beck III，客户包括巨石强森、美国职业橄榄球运动员等）说，人体在运动中会分泌睾酮（testosterone），这种激素会让你觉得快乐和亢奋。睾酮的分泌会在 30 分钟左右达到最高峰，在这个时候停止运动，你就会觉得运动是一件非常让人愉悦的事，也会很期待下次运动。当运动时间超过 40 分钟，皮质醇（cortisol，压力激素）的分泌就会超过你的快乐激素，运动就成了一种负担。所以，最聪明的运动时长是在你最享受运动的时候就停止。当然，如果你本身就非常享受运动，或者找到了很喜欢的运动方式，那么完全可以做更长时间的运动。
- 用 7 分钟进行放松和拉伸：让身体逐渐放松，心率下降到正常水平，做一些静态拉伸，舒展肌肉，切忌在运动强度较高时一下子停止。你要把身体当作一台珍贵的机器来小心使用，用心保养，才能保持健康。

健康的运动时间

每时每刻，我们的身体都有很多功能需要用到能量，比如消化、修复、新陈代谢、思考等。有时候，身体需要集中所有的能量来供应其他重要器官，在这种情况下运动，不仅对健康无益，反而会消耗和损伤身体。所以，请大家学会把握身体的规律，找准适合你的健康运动时间，避免对身体的损耗。一些常见的“不健康”的运动时间如下，大家可以根据自身状况酌情修改：

- 生病期间避免或者减少运动，身体需要集中能量和病魔抗争。
- 生理期避免或者减少运动，尤其是痛经问题严重的姑娘，这时你的身体损耗已经很大了，需要“养”。
- 饭后两小时内不运动，肠胃需要集中精力消化食物。
- 冬季更适宜温和的运动，比如瑜伽、保龄球、徒步等，尽量避免大汗淋漓的“春夏型”剧烈运动。冬天一些小动物冬眠了，我们的身体也需要“冬藏”，在静养中修复各项机能。

健康的第一要素

睡眠、营养和运动固然都重要，但是一直以来，我都觉得这并不是整个健康系统最核心的因素，因为我见过一些思路清晰、耳聪目明的百岁健康老人过着乍一看并不“健康”的生活：大鱼大肉毫不忌口，抽烟、喝酒也不忌讳，很少运动，有时还会贪玩晚睡，特别潇洒。这样也可以?!我百思不得其解。这些老寿星究竟是如何活得这么精神的？他们的秘诀又是什么？

全球最大的营养学培训学校Integrative Nutrition的创始人乔舒亚·罗森塔尔（Joshua Rosenthal）也有过和我一样的困惑。他年轻时曾在一家健康品专卖店工作，每天都有很多健康达人来店里挑选保健品。这些人会仔细阅读每一瓶营养品上的成分标签，详细询问产品功效，拿出每一餐的进食记录咨询他们的饮食摄入是否合理，并一丝不苟地做记录。下班以后，乔舒亚常去附近的电影院看电影。那里的人有着几乎相反的生活状态。他们和家人、朋友们一起大吃爆米花，大口喝可乐，然后一起开怀大笑。这样的情景促使乔舒亚开始思考，为什么这些饮食并不健康的人看起来却比那些讲究的健康达人更快乐、更有活力呢？

经过多年的研究，乔舒亚在《综合营养》（*Integrative Nutrition*）一书中提出了一个颠覆性的观点：各类健康习惯固然重要，但是最能"喂饱"和滋养生命的其实是"精神食粮"。

我们很多人都有过这样的经历。小时候和小伙伴一起疯玩，该吃饭了，妈妈来叫我们回家吃饭，我们却一点儿也不饿，只想继续玩。又比如，当我们沉浸在自己喜欢的工作中时，常常会废寝忘食，很久都不会觉得饿。也就是说，我们的生命已经被良好的人际关系、有趣的活动和有意义的工作之类高质量的精神食粮"喂饱"了。这时的我们是极富生命力的，也是健康的。

回头看那些百岁健康老人，我们仔细观察就会发现，虽然他们的生活习惯和保养方式各不相同，有些人甚至还有些不太“健康”的小习惯，但他们无一例外都有着高质量的“精神食量”，比如幸福的家庭、热爱的工作、坚定的使命等，所以他们每一天都过得很幸福、很充实，而生命也在被充分滋养后，由内而外地绽放美丽和光彩。

那么，如何才能拥有健康的精神生活呢？

其实，这又回到了滚动的生命轮上。当我们铸造了强大的内心，并在这个基础上，通过不断学习和实践提升了各项人生命题的满意度，打造了一个圆形的生命轮时，生命轮就会欢快且自由地滚动起来。这时，我们的精神生活就会进入一个强大且愉悦的状态，充分滋养我们的生命，直至完全绽放。在这个过程中，你会自然而然地收获健康。

美好人生日程表 ／ **工作日篇**

5:15

醒了！昨晚睡得很好，醒来精神也特别好。

闹钟设在 6：00，不过，我一般能在闹钟响之前就自然醒。

躺在床上，伸了几个懒腰，按摩一下腹部，转几圈眼睛，让身体渐渐醒来。

5:20

起床！打开窗，给房间透透气。然后刷牙、用护发素洗头、洗澡，清清爽爽开始新的一天！

5:50

认认真真地做面部和颈部护肤，再给自己涂上一层薄薄的身体乳，最后点一点润色润唇膏，滋养一下嘴唇，也增加一点儿元气。

6:00

吹干头发，以防寒气入侵。

我剪了短发，很快吹干头发，而且吹完就成形，很方便，特别适合我这种爱美又不愿意花太多工夫的懒人。

6:10

走进厨房，我喝了一大杯温水，加一粒生命花园（Garden of Life）益生菌，保养肠道。

又喝了一杯阿顿做好的绿色蔬果泥（兑了点儿热水），帮助肠道蠕动，清除宿便和肠道毒素。

6:25

我端着另一杯绿色蔬果泥，打开电脑，开始写公众号文章。

最近很多人在问关于冻卵的事，我就请一位刚做完冻卵的好姐妹分享了她的冻卵经历和体会。其实，35 岁或更大年龄未生育的姐妹们都可以了解一下冻卵以及相关数据，做到心中有数。

7:00

我一边写书，一边做深呼吸训练，腹式吸气 7 秒，屏息 28 秒，呼气 14 秒，做了 10 组。

深呼吸训练可以提升心肺功能，是提升精力水平的关键。

8:00

我关上电脑，早上的写作完成了。

我写得很慢，因为我喜欢反复修改文字和逻辑，有时候还会全部推翻重写，所以每一篇文章都很花时间。

既然我没能力“一笔到位”，又不愿意降低标准，只能下笨功夫，一遍遍地改，改到满意为止，否则过不了自己这一关。不过，做自己喜欢而且满意的事还是很有成就感的。

8:01

准备上班！

化妆：上点润色防晒霜，画个眉毛，刷个睫毛，点一点儿玫瑰色润唇膏。

着装：一件舒适的灰毛衣，修身牛仔裤，黑色低跟短靴，加一件米色中长款风衣。

首饰：粉色珍珠耳环，同事新年送的银色能量手镯，单粒珍珠戒指。

硅谷的公司文化比较自然随意，我挺欣赏这种风格，也省了不少制装费。

8:30 和阿顿吻别，背上装了苹果笔记本的双肩包（以前我用单肩包，但是对肩颈和脊椎的压力太大，就改用双肩包），上班去了！

在电梯里，我开始做整骨医生教我的膝盖锻炼法。我的膝盖从小就不太强健，平时运动量又不小，就更要注意膝盖的保健和锻炼，避免损伤。

8:40 我家离公司只有 10 分钟步行的距离。早上喝的那两杯绿色蔬果泥已经消化完了，我也开始觉得有点饿了，是时候给身体充电了。

在办公室楼下买了一片牛油果烤吐司当早餐，牛油果不仅营养丰富，而且很管饱。

细嚼慢咽，细嚼慢咽。

9:00 开工！我刚刚上完两个大项目，正处在休整期，所以工作量还行。不过，我最得力的分析员怀孕了，吐得死去活来。为了让她安心养胎，我尽可能少给她派事，也帮她顶了不少事。

9:55 我把所有最重要的邮件都回完了。我重新灌满我的大水壶，噔噔噔爬了 7 层楼去 37 楼开会。只要时间允许（还有膝盖强健），10 层以内的会议我都是爬楼梯去的，权当锻炼身体。

我有个导师，今年 59 岁，每天爬 30 层楼上下班(我很佩服)。他的目标是：明年 60 岁，爬 60 层楼！

12:30

我和商学院校友B先生约了吃午餐。B先生今年28岁，已婚，有一个两岁的女儿。他告诉我，他很喜欢工作，但不希望成为工作狂。他希望在工作之余有时间和精力陪伴妻子和孩子，并做一些他觉得有意思的事（他喜欢用无人机拍摄风景）。为这样的生活，他愿意放弃一些收入更高，更“光鲜”，但压力更大，工作时间也更长的职位。

B先生对工作和人生的态度和我不谋而合，这让我觉得很有意思。这些年来，我也遇见过一些和我的生活理念接近的高级知识分子，不过主要是30岁以上的女性，尤其是有孩子的女性。B先生是男性，这么年轻，就能够这么平衡地看待工作和人生，的确很少见。

难道这就是90后对待人生的态度？

13:30

视频会议。这是个比较轻松的总结会，我主要听就可以了，所以我一边听会议、做笔记，一边做深呼吸。一场会议下来，我估计做了40组深呼吸。超额完成今天的目标！

14:30

会议结束。灌点儿水，做几下舒展运动，顺便看一下远处的海景，放松一下眼球，然后继续看邮件。

15:00

和下属埃玛做每周例行的交流。前一阵子，埃玛对我说想接一些更具挑战性的项目，我就给她安排了一个新项目。她很高兴地告诉我自己学到了很多东西，也很感谢我给她这个机会。我告诉她，我对她的表现很满意，接下来会有更多好项目交给她。

职场上，你才是自己的总规划师，老板们根本没空思考你的职业规划，所以，想要什么最好跟老板明说，寻求他们的支持和建议。说到这儿，我也该跟老板讨论一下自己升职的事了。

17:30 今天的事都处理得差不多了。给桌子上的花花草草浇一下水，洗一下杯子，收工！

回家路上给在上海的老爸、老妈打个电话。老爸、老妈刚起床，正在喝咖啡，吃自己做的红枣馒头，说很好吃！这个吃法我服了。

17:40 到家了！阿顿去健身房了。我就洗洗手，换上家居服，然后开始做晚饭。今天的晚餐是茄子芦笋番茄酱意大利面。

我每周都会通过你好新鲜（Hello Fresh）之类的App订购一些配餐，配餐公司会把所有原材料包括食谱寄过来。大到一袋意大利面，小到两瓣蒜，只要是这顿饭要用到的材料都会寄来。

做饭的时候，只要按照配套的食谱一步一步做，30分钟后，一道媲美餐厅的新鲜美食就做好了！

为了增加蔬菜摄入量，我常常会自行加上一些蔬菜，比如今天我就在意大利面里多加了一些西葫芦。

18:15 晚餐好了！阿顿已经健身归来。我们开始吃晚餐。

我们平时都很忙，但是每周至少有4顿晚餐是一起吃的，这是我们宝贵的二人时间。

阿顿告诉我，自从他的一篇股票分析被《巴伦周刊》（*Barron's*）

登载以后，很多投资人都找到他，有意向投资到他的基金。

说实话，我真的很佩服阿顿的魄力。三年前辞去在对冲基金的高薪职位，自己创业做基金。创业不易，但是凭他的智商、能力和努力（还有我的强助攻），我毫不怀疑他一定会非常成功的。

19:00

吃完晚餐，阿顿开始收拾碗碟。我们家的规矩是一个人煮饭，另一个人就负责洗碗。

我开始认真地卸妆、清洁皮肤和基本保养，让皮肤透透气。

19:.15

打开电脑看一下我的股票账户。最近美股大跌，我的资产还是稳中有升。资产配置做好了，抗风险能力自然就强了。

19:20

插上耳机，我开始听一个关于行为学的音频课程，一边听，一边认真做笔记。

我不喜欢碎片式学习，也不习惯一心二用。我喜欢花大段时间静下心来专心学习，让知识完全融入意识和行为，而不是停留在“知道”的层面。

这已经是我第三次回听这个近 60 小时的课程了。没办法，我资质一般，只能多下笨功夫，毕竟大师的多年心血也不是我听一遍就能全部消化的，只能一遍一遍地听，直到把所有的知识点完全消化，并转入我的知识体系和日常实践。

20:30

学完了一个章节。虽然已经听过两遍，但这次还是有了很多新体会，也做了很多笔记。估计再听一两遍就差不多了。

20:35 换上健身服，带上一罐温柠檬水，准备去楼下的健身房健身。阿顿正在专心看文件，我就不打扰他了。

出门前看一下心跳：73。我的最佳心率区间是135~145，要在正式锻炼之前至少增加到130以上，才能达到最佳锻炼效果，而且可以避免损伤。

我一路快走到健身房，先做了一些动态拉伸，打开韧带，然后做了一些泡沫轴，深层打开僵硬的肌肉。接着开始转手腕和脚腕，打开髋部，给全身关节做热身，最后做一些大幅度的舒展运动。看一下运动手环：心跳110。

20:40 上跑步机开始慢走热身，并加了一些坡度，让身体逐渐适应运动，并让心跳逐渐达到最佳心率下限。

在跑步机上走路的姿势很重要。很多人站得太靠前，所以步子和摆臂幅度都很小。正确的姿势是站在跑步机中间，这样可以大幅度地迈步和摆臂，达到最佳的全身运动效果。

20:45 我的呼吸达到微喘了，看了一下心跳：137。可以开始正式运动了。

我加了一些速度和坡度，就开始大踏步地走路。我一边运动，一边听一个关于女性健康保养的课程。这个课程比较浅，不太烧脑，可以边运动边听。

21:15 我已经在最佳心率区间快步走了30分钟。大家别小看走路，我还是出了不少汗，感觉浑身脂肪都在燃烧，所有的细胞都觉醒了，好爽！可以开始收尾了。我逐步调低了跑步机的速度和坡度，让心跳渐渐平复下来，避免猝然结束。

21:20 心跳 110，差不多了。我下了跑步机，开始做一些静态拉伸，舒展一下身体和肌肉。

21:25 心跳 95，结束运动回家了！

回到家，洗脸，上一层面膜给皮肤快速充电，然后刷牙，洗头（我是短发，频繁洗头对发质影响不大），洗澡，做皮肤保养，吹干头发，再给全身涂一层香薰护肤精油。

干干净净，香喷喷，好舒服！

21:50 我在香薰机里加了一点薰衣草精油，然后舒舒服服地坐在沙发上读《未来简史》。阿顿就坐在我旁边看他的投资宝典，他说这本书不烧脑，可以用来睡前为大脑减速。好吧，我承认他的大脑比我的发达很多。我们平时经常工作到很晚，所以喜欢在睡前看几页书，为高质量睡眠做准备。

22:10 冥想。我喜欢在睡前用冥想整理一下忙碌的一天，平复思绪和心情，给大脑充充电，也可以睡得更好。

22:20 换睡衣，上床。我和阿顿喜欢在睡前聊聊天，也给对方一个爱的抱抱。

22:30 关灯。我和阿顿互道晚安，很快沉沉地睡去。

时间安排总结

工作	8 小时
睡眠	7 小时
健康/保养	5 小时
学习（输入输出）	4.5 小时
家人陪伴	1 小时
社交	1 小时
财务管理	5 分钟

这可能不是你见过的最拼命的时间表，却是一个非常平衡、美好、科学，而且可以长期轻松持续的日常时间表。

一起加油！

美好人生日程表 ╱ **周末篇**

6:30 自然醒来。我和阿顿平时基本不缺觉，所以周末起床时间和平时也没有太大区别。

伸伸懒腰，揉揉肚子，转几圈眼睛，让身体渐渐苏醒。然后，我们就起床了！

6:40 我用舒洁（Kleenex）一次性柔面巾和温水洗了一下脸，然后敷上一层薄薄的免洗保湿面膜，给皮肤充充电。

用电动牙刷认认真真地刷了两分钟牙。

6:50 喝了一大杯温水+一粒生命花园益生菌，感觉有点儿干涸的身体瞬间被激活了。

6:55 点上由薄荷、佛手柑和广藿香混合而成的香氛精油。

香喷喷，心情大好！

7:00 做绿色蔬果泥。

把净水、羽衣甘蓝、混合色拉、嫩菠菜、黄瓜、香菜、生姜、柠檬汁和苹果洗干净，切成大块扔进维他密斯（Vitamix）。

一按开关，30 秒后蔬果泥就自动打好了。

在杯子里加了点儿热水来中和冰凉的蔬果泥。一大杯蔬果泥下肚，想象着大量纤维抓住肠道内的毒素和垃圾要带它们出去，不觉肠道开始蠕动。

7:15

开始冥想。整理一周的思路，平复压力，给头脑补充能量。

7:45

阿顿在做早饭。这家伙习惯了吃丰盛的早饭，做了炒鸡蛋＋牛油果＋杏仁酱吐司。

我早餐一般吃得很少，因为我喜欢早上给肠胃放个假，让身体集中能量清理毒素。我拿了两小片面包，抹上一层薄薄的现磨杏仁酱，坐下和阿顿一起吃早餐。

我吃得很慢很慢，细嚼慢咽，细细品味每一口食物。从全食超市买的现磨杏仁酱真香啊，而且除了杏仁，没有任何其他成分，特别健康。

8:15

吃完早饭，我收拾了碗筷，就打开电脑开始看邮件。

我们部门的工作文化很友好，不太需要加班（除了大项目期间）。不过我还是习惯每几个小时看一眼邮件，万一有急事呢？

8:30

开始做人生教练布置的功课。请绩效教练是为了确保我每一天都处于最佳状态，将注意力和能量都用在最重要的地方。这和运动员需要教练来帮助自己调整状态、不断进步是一个道理。

教练本周布置的功课是给我的目标读者做一个“画像”：年龄、职业、处于什么人生阶段、面临什么人生困惑等，以此来全面了解我的读者是谁、需要什么。

9:50

做完功课，感觉你们每一个人都是曾经的我。我能真切地体会到大家的迷茫、痛苦，以及内心的希望，因为我也是这么走过来的。

一切都会好起来的！

起身舒展一下身体，切了片鲜柠檬泡水，眺望一下远处的海景。

然后用温水和一次性柔面巾洗掉脸上的保湿面膜，拍上一点儿保湿水，再涂上一层薄薄的面霜，保持皮肤水润度。

10:00

换上运动服，带一罐温水，出门运动！

今天我在ClassPass[①]上订了一节Dancehall舞蹈课。舞蹈房离我家大约10分钟路程，我一路快步走到舞蹈房，权当热身运动。

10:10

到了舞蹈房，看了一下运动手环，心跳125，离最佳心率135不远了。我做了些动态拉伸动作，活动各个关节，保护关节在运动中不受伤害。

10:15

舞蹈课开始！ Dancehall是来自牙买加的一种热情洋溢的舞蹈。好吧，我承认自己跳得不是很好看，不过开心就好，放开跳就是了！

11:00

舞蹈课结束，出了不少汗，心跳143。既开心又锻炼身体，多好！我做了些静态拉伸动作，让心跳平复下来。洗掉脸上的汗，以免刺激皮肤长痘，然后回家。

---

① ClassPass是美国一家提供无限健身课程的公司。——编者注

11:15 回到家，我开始洗头，上深层护发素，洗脸，做温和的脸部角质清理，再用香薰磨砂膏做全身角质清理，尤其是脚部和背部。

11:35 洗完澡，认认真真地做皮肤护理。

用化妆棉轻轻拍上一层玫瑰保湿水，调理皮肤的酸碱度，也补充水分。旧金山很干燥，保湿非常重要。

等几十秒钟，让保湿水被皮肤充分吸收。等的时候，可以涂眼霜和润色润唇膏。

当保湿水被吸收得差不多了，上一层精华素，涂完面部后将手上多余的精华素拍在脖子和颈部。再等几分钟，让精华素充分吸收。

等的时候，可以吹一下头发，用棉棒清理一下耳朵，给身体上一层我很喜欢的艾维诺（Aveeno）护肤乳等。

当精华素吸收得差不多了，洗干净手，最后在面部和颈部上一层保湿面霜，锁住水分。

全部护肤完成后，用Aveeno护肤乳滋润一下双手。

比起很多美容达人的护肤步骤，我这个懒人的护肤可谓“基本款”。

我的经验是：护肤步骤太多太杂反而会给皮肤带来负担，尤其是我这种非常难伺候的痘痘敏感肌，得不偿失。关键是充分了解自己的肤质特性，学会看产品成分，尤其是对你的肤质非常适合或者不适合的成分，找准适合自己的产品，然后就可以让岁月优雅而美丽地流逝。

11:55 今天是我和几个商学院好姐妹每个月例行的午餐聚会。

旧金山最近挺冷的，我穿了一身黑灰色衣服：黑色高领毛衣+

黑色修身牛仔裤+黑色短靴+灰色长风衣。衣服简单，首饰就可以出挑一点儿。我配了一对粉色金边的大花耳环，玫瑰金手镯，黄钻戒指和玫红手包。

再化了个淡妆：润色防晒霜+眉毛+睫毛膏+玫红色口红。在手腕点了一点我最爱的Yosh Ginger Ciao香水，然后用手腕蹭了一下耳后根。

看了眼镜子，精气神儿不错！

12:15

出发！阿顿今天中午也约了一个投资人兼好友吃饭叙旧，已经出门了。

12:25

姐妹们今天选的餐厅离我家不远，走路 10 分钟就到了。我又早到了，点了一杯花茶，静静地等姐妹们来。

12:35

姐妹们到齐了！我们 5 个人平时都很忙，但是每个月都尽量抽时间来参加这个小聚会。今天，我们聊了硅谷的男女平等问题。

一位姐妹最近在一个大会做演讲嘉宾时，一位业内大佬（男性）不停地打断她的发言，表示他的不认同。而其他在座的男嘉宾演讲时，他都没有打断过，这让我的朋友很生气。

虽然我很同情我的姐妹，但是我不想简单地把被大佬打断归于性别原因。万一人家是真的不认同你的观点呢？

请原谅我就是这么理性。即使是亲妈跟我抱怨，我也会理性分析，实事求是，只有这样大家才能真正解决问题，不断进步。

而且，当我们用性别或种族这类原因来归纳成因，就等于直接把自己放在弱势群体的位置上，也把对方直接推到了敌对面，接下来就很难达成共识了。当然，如果确定是歧视行为，决不姑息！

其实，女性有很多得天独厚的性别优势，如果能够善加利用，学会以柔克刚，是非常厉害的。

15:00

聚餐结束！我和姐妹们道别，回到家中，阿顿也刚到家。

我一边卸妆保养，一边给在上海的爸妈打电话。他们今天要出发和朋友们一起去宁波旅游 4 天。五星级酒店包吃、包住、包接送才 800 元一个人，这个价格让我非常羡慕。

15:45

换上Eastern Mountain Sports徒步裤和Keen徒步鞋，抹上Anessa小金瓶防晒霜，我和阿顿一起开车去近郊的Lands' End森林散步。

这是我们每周六的例行项目，既锻炼身体，又在自然氧吧里给细胞充足的能量。更关键的是，这大段的时间是我们深入探讨问题的好机会，我们的很多共识都是在徒步的时候达成的。

16:15

到达Lands'End，开始徒步！大自然的空气真好，让人心旷神怡，不自觉地就会多做几组深呼吸练习。

我们一边快步走，一边聊阿顿的基金融资方案，想到了好多方案。

随后，我们也聊了我的新书推广方案。虽然阿顿对中国市场知之甚少，但他还是分享了很多国际上的做法。至于细节，还需要我和出版社沟通和摸索。

我和阿顿真的很幸运，因为我们能聊的话题很多：工作、投资、创业、生活和心灵成长等。

我们是彼此最坚强的后盾和智囊团，也会给彼此提出中肯的建议和意见。

17:30 到达终点！

这段路程我以前要花两小时才能走完。自从用新的运动方法打开心肺功能，全面提升精力水平以后，我开启了健步如飞模式，速度提升了近一倍。现在这段路程对我来说已经太容易了，是时候升级了！

17:35 出发去朋友小山和小妮家吃晚饭。

18:00 小山和小妮住在旧金山近郊，开车 20 分钟就到了。

先生小山很喜欢煮饭（有爱煮饭的朋友真好），一进门就飘来一阵香味。

太太小妮负责娱乐，我们进门不久她就拿出三副虚拟现实（VR）眼镜，开始打僵尸。我和阿顿平时从来不玩游戏，但是不得不承认，这个VR打僵尸真的蛮刺激。我们三个一路怪叫连连，奋力厮杀。过于激动的我不小心用游戏柄猛击阿顿的后背，吓了他一大跳，怎么在现实生活中也被攻击了？

19:00 一群大汗淋漓、兴奋不已的打僵尸英雄坐在了一桌丰盛的大餐前。小山的手艺真好，一大桌菜中西合璧，让人垂涎三尺。我默默告诫自己，多吃蔬菜，少吃荤菜，细嚼慢咽，吃到六分饱就要放下筷子。

20:00 我还在细嚼慢咽，快到六分饱了。

小山和我们分享了他自己新的创业想法。这是小山第二次创业，第一次就让他财务自由了，所以寻常的主意已经吸引不了他。这一次，他的想法很宏伟，我和阿顿很欣赏他的魄力，也尽力为他出谋划策。

21:30 我们感谢小山和小妮的热情款待，驱车回家了。一路上，我们还在继续讨论小山的创业计划。这是个高风险、高回报的想法。无论结果如何，祝福小山。

22:00 到家，刷牙，洗脸，洗澡，护肤。

22:25 我和阿顿给对方一个爱的抱抱，互道晚安，然后就睡下了。明天是周日，我们一天的工作和学习已经排满了，很期待。

时间安排总结

睡眠	8 小时
朋友聚会	6 小时
运动保养	4 小时
家人陪伴	3 小时
工作学习	1 小时 30 分钟

我一直坚持：成功不能以亲情、爱情、友情和健康为代价。工作再忙，也要抽点儿时间照顾好自己和最爱的人，打造一个欢乐滚动的生命轮！

一起加油！

鸣　谢

感谢一直无条件支持我、信任我、爱护我的老爸、老妈、玛丽安娜、法利利，以及阿顿。

感谢汤曼莉老师，没有你就没有这本书。

感谢意欣、Cece、Lena和Alisa 帮我看了无数遍稿子，贡献了无数宝贵意见和金点子。

感谢Karen，你的美好给了我源源不断的灵感和信念。

感谢我生命中所有的导师，你们的智慧和无私分享改变了我的一生。

感谢公众号“一稼”的读者，你们的支持和信任给了我前进的动力。

感谢我生命中的每一天、遇见的每一个人。

未来，我很期待。